JN185932

PM2.5

particulate matter

危機の本質と対応

日本の環境技術が世界を救う

石川憲二 著

Kenji Ishikawa

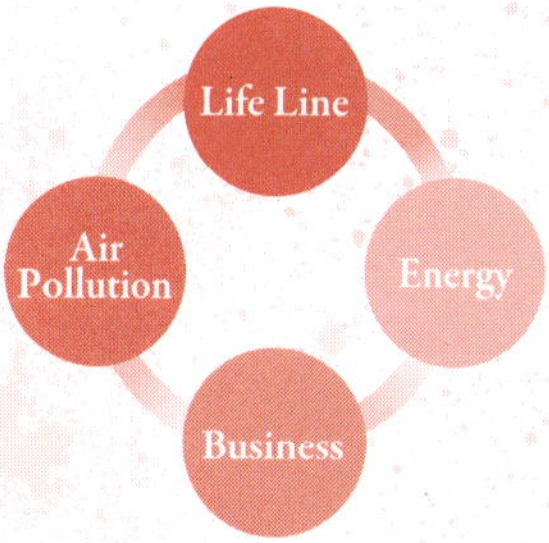

B&Tブックス
日刊工業新聞社

目次

少し長い序章　ＰＭ２・５の基礎知識　5

第1章　中国の大気汚染は21世紀型の環境問題　51

少し長い序章

ＰＭ２・５の基礎知識

ニュースに頻繁に登場していながら、わかっているようでわからない、うまく説明できない言葉がある。ＰＭ２・５はそのひとつだ。

「ＰＭ２・５による中国の深刻な大気汚染、1年間で百万人が死亡」
「世界のＰＭ２・５濃度、最悪はインドの都市」
「ＰＭ２・５、日本でも注意喚起の解除基準を決定　環境省」

こんなおどろおどろしい記事を目にすると、まるで世界中がこの新しい化けものに呑み込まれてしまうように思え、果てしない恐怖を感じる。だいたいＰＭ２・５なんて名前はちょっと前まで聞いたことがなかったのだから、不安に駆られるのも無理はない。

気になって調べてみたところ、ＰＭ２・５について大々的に報道されるようになったのは２０１３年以降であることがわかる。それ以前にも中国に関するニュースではときどきとりあげられていたものの、あくまでローカルな話題だと考えられていたのか、「（ＰＭ２・５は）中国の悲しい流行語」といった表現までみられるほどだ（２０１２年3月7日、日経ビジネスオンライン）。つまり、この段階ではしょせんは対岸の火事でしかなく、日本人の多くはあまり関心をもっていなかったのである。

ところがわずかなあいだに状況は一変した。今では連日のようにＰＭ２・５関連のニュースが流れ、日本にとっても深刻な問題だと訴えてくる。慌てて、もっと詳しい情報を得ようとネット上を検索してみると、「中国の汚染物質が日本を襲う」「危惧される健康への影響」といった切羽詰まったフレーズがいくつも飛び込んできて、なんだか今にでも大変なことが起きそうな気配だ。

しかし、本当にそうなのだろうか？

結論から先にいっておくと、現在のＰＭ２・５による大気汚染は、すぐに日本人が危機に陥るほど深刻なものではない。国内における放出量は少なく、また私たちの健康を著しく脅かすほどの量が中国から飛んでくるとは考えにくいからだ。

しかし、そうだからといって、この問題が終わったと決めつけるのは早計である。それどころかむしろ逆で、今後の世界や日本について考えていくとき、避けては通れない重要なテーマになってきた。なぜなら、工業化や都市化に伴う大規模な環境汚染は中国やインドといった新興国*だけでなく、次に大きな経済成長が予測される一部*の途上国でもすでに始まっているからだ。そしてその実態を示す指標として、ＰＭ２・５の濃度が大きな意味をもってくる。

環境汚染とか自然破壊といった場合、対象となるのは空気、水、土、森林、海浜などさまざまだ。ところがその多くは外部の人が調査しようと思っても簡単にはいかない。どこの国の人でも自分たちの恥部は隠したいから、いきなり外国人がやって来て川や地面を大々的に調べ始めたらいい顔はしないだろう。それどころか露骨に妨害するか、ヘタをすると拘束とか暴行といった大事件に発展する。そもそもそんな調査を許すほどオープンで民主的な国であれば公害問題にも前向きに取り組んでいるはずで、それをせずに汚染が進行中のところでは、なかなか正確な情報は得られないものだ。

ところが大気汚染だけは違う。たとえばＰＭ２・５の濃度であればちょっとしたセンサーを持ち込むだけで簡易に調べられるし、汚染源にそれほど近づかなくてもそこから飛んでくる量や成分を継続的にチェックすることで内部事情をかなり正確に知ることができる。つまりそれだけ「わかりやすい環境汚染物質」なのである。

しかも大気汚染は工業化や都市化が進む初期の段階で徴候が現れ、その後、水や土への影響が及ぶ。そしてここが大切なのだが、ＰＭ２・５はほとんどのパターンの大気汚染において、ほぼ*共通して検出される物質なので、環境破壊の全体動向を知るバロメーターになりえるのである。

20世紀中は先進国の中で完結していた公害問題も、やがて新興国や途上国に拡散することで、なかなかゴールがみえない状況になってきた。それだけに私たちもPM2・5について、もっと深く知り、今後の展開に関心をもっていくべきなのだが、残念なのは、このような知識ニーズに応えてくれる適切な資料があまり多くないということだ。それどころか、出回っているPM2・5関連の本や記事の多くはいたずらに恐怖心を煽るだけで、なかにはオカルトまがいの推論に導くものまであり、そのことがこの問題への正しい理解を妨げているように思える。

そんな状況を憂い、書くことにしたのがこの本である。筆者も関連するすべての分野に精通しているわけではないが、それでもできるだけ客観的な事実を重ねながら論を展開していくことで、この物質が引き起こす現象の本質に多少なりとも迫れたと信じている。

本書でとりあげていくテーマは、大きく2つある。ただし、必ずしも前後編に分かれているのではなく、話の流れによって内容は散りばめられているので、順番はあまり気にしないでほしい。

第一のテーマは、なぜ今になってPM2・5がクローズアップされるようになったのかという疑問だ。20世紀後半から本格的に始まった人類と公害との戦いにおいて、この問題はどう位置づけられるのか、そこがわかっていないと、さらに奥に広がる環境汚染の本当の姿は見えてこないし、もちろん今後の展開も予測できない。つまりＰＭ２・５は時事問題ではなく歴史問題として捉えるべきなのである。

第二のテーマはＰＭ２・５問題が国際社会に与えていく影響だ。ここには公害問題が新興国や途上国にまで広がったことによる新たな展開がある。

新興国や途上国では経済成長こそが政権維持の基盤になるので、ブレーキになりかねない環境政策にはどうしても消極的にならざるをえない。ところが、そんな状態を続けているうちに、ついには生活に欠かせない空気や水などが明らかに汚れてくると深刻だ。それを理由に政府への反発が広がり、権力構造が崩れてしまう。

このような事態を避けるためには、どこかで方向転換をし、「環境にやさしい政府」を標榜しなければならない。実態はどうであれ、表向きはそういう顔をみせ、国民の不満のガス抜きをすることが大切だ。

しかしそこで問題になるのが、今まで無策を続けてきたツケである。環境破壊を止めるために有効な技術やノウハウをもっていないのだから、先に公害問題を解決してきた先進国にお金を出して、必要な装置を買ってくるしかない。つまりそこに新たなビジネスの構図が生まれてくる。

もちろん、日本にとってはチャンスの到来だ。これまでは多くの環境装置を開発し、世界中に供給してきたこの分野のトップランナーなのだから、その実績を活かして取引を拡大していくべきだろう。もちろんそれは商売だけが目的の話ではなく、地球全体の環境をよくしていくという意味でも歓迎すべき展開だ。

ＰＭ２・５はちっぽけな物質だが、その正体を知ることでこのように大きな世界が見えてくる。とりあえず、この章の後半ではＰＭ２・５に関する基本情報をまとめておいたので、まずはここを読み、理解を広げていってほしい。

＊新興国
本来、第二次大戦後に独立した新しい国のことをいったのだが、今では冷戦終結後に急速に経済力をつけてきた国々を指すことが多い。ブラジル、ロシア、インド、中国、南アフリカのＢＲＩＣＳが代表的。

＊一部の途上国
新興国に続き経済が発展しそうな国としては、インドネシア、トルコ、ナイジェリア、パキスタン、

バングラデシュ、フィリピン、ベトナムあたりがあげられる。欧州連合（EU）への加盟を目指して国内法の整備を進めているトルコ以外は、あまり環境政策に熱心な国という印象はなく、なかには「何もしていないだろ」と突っ込みたくなるようなところもあって不安。

＊共通して検出される
火力発電所や工場の熱源、自動車など燃焼を伴う装置からは必ず発生するうえ、排気からの除去が難しいので、工業化や都市化が進みながら環境対策が遅れている国や地域では必ず濃度が上がる。

●【疑問1】PM2・5とは何か？

PMとは粒子状物質（particulate matter）の意味で、環境問題としてとりあげるときには大気中に浮遊している小さな粒子を示す。気象用語でエアロゾルと呼ばれるものも基本的には同じだ。

あとに付く数字は粒子の大きさを表し、粒子径が概ね2・5マイクロメートル＊（μm＝1000分の1ミリメートル）以下であればPM2・5となる。

こんな数字をいわれても大きさをイメージしにくいと思うので身近なもので示すなら、人間

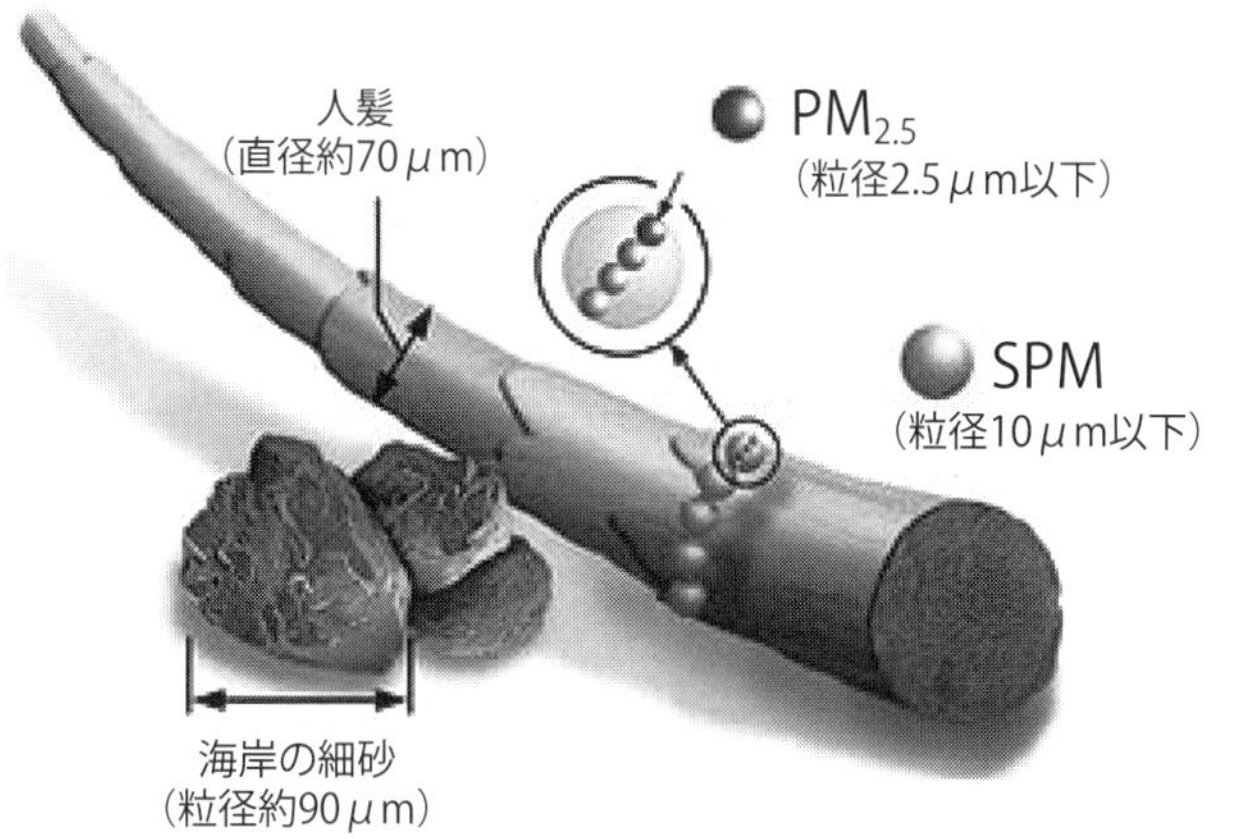

出典：米国EPA

図1　PMの大きさ（概念図）―人髪や海岸細砂との比較―

の髪の毛の太さは50～１５０マイクロメートルあり、ＰＭ２・５の直径はその20分の１以下しかない。近いのはクモ*の糸で、太さは５マイクロメートルほどだから、その半分となる。

空中を浮遊しているものと比べるなら、霧や雲をつくる水滴が約10マイクロメートルと、細かいようでありながらＰＭ２・５の４倍もあることがわかる。花粉症を引き起こすスギ花粉は直径が20マイクロメートルほどなのでもっと大きい。

結局、ＰＭ２・５より小さいものといえば約０・１マイクロメートルのインフルエンザウイルスぐらいだろうか。大腸菌や結核菌などの細菌類は０・３～８マイクロメートルなので、かなり近いサイズだ。

なお、私たちの目が識別できる最小の大きさ（分解能）は100マイクロメートルくらいなので、当然、PM2・5を粒として視認することはできない。したがって大気中に大量に浮遊していたとしても空気がぼんやり濁っているように見えるだけである。

ここでもうひとつ重要なのは、PM2・5という名称で定義されるのはあくまで粒子のサイズであって、化学的な成分までは特定していないという点だ（固体か液体かも定めていない）。したがって、物質の種類はなんでもいい。

公害問題として取り沙汰されるとき、主な対象になるのは燃焼に伴って発生する煤塵だが、他にも風に舞い散る土埃や工事現場で飛び散る粉塵であっても2・5マイクロメートル以下の粒子であればすべてPM2・5に含まれるので、必ずしも人工的なものばかりとは限らない。

それにしても、なぜ、こんな小さな物質が新たな環境破壊の犯人として浮上してきたのだろうか。それを知るには、大気汚染の歴史を振り返る必要がある。

＊マイクロメートル
昔は「ミクロン」という単位が一般的だったが、今は国際単位系（SI）で決められたこの単位に統一されている。ただし表記記号は「㎛」だとミリメートルと同じになってしまうので、ミクロンを表した「μ」にメートルの「m」が付けられている。

＊クモの糸

芥川龍之介の名作『蜘蛛の糸』では地獄に落とされたカンダタにお釈迦様が救いの手を差し伸べるが、その道具としてクモの糸を選んだのは、おそらく世の中でもっとも細く、弱そうなものだったからだろう。そして「こんな、か細いものでも慈悲の心があれば強くなれる」と教えてくれるのだが、ＰＭ２・５の小ささはそんな世界観を超えたところにあるわけだ。

＊人工的なものばかりとは限らない

日本で比較的、よく観測されるのがＰＭ２・５サイズの海塩粒子で、これは海の波によって飛び散ったしぶきや海面の泡が破裂したときに発生する微小水滴が空中にいるあいだに蒸発し、塩分だけが残ったものだ。上空に昇ると雲が生成されるときの核となるほか、風に乗って内陸まで運ばれ、金属を腐食する原因になることもある。もちろん日本のような島国では発生を抑制することはできない。

●【疑問2】大気汚染問題におけるPM2・5の位置づけは?

ここに掲載したチャートは、戦後、公害問題となった主な大気汚染物質を上から時系列に並べたものだ。多少、前後するものもあるが、だいたいこのような順番で追求と解決の歴史が続いてきた。

公害が大きな社会問題になってきた1960年代、大気汚染物質として最初にクローズアップされたのが硫黄酸化物（SOx＝ソックス）だった。石炭や石油に含まれる硫黄分が燃焼により酸化したもので、化学の授業で習う硫酸の化学式「H_2SO_4」を思い出してもらえばわかるように大気中の水と反応することで容易に酸性物質になることから、雨に混じれば酸性雨として生態系を破壊し、鉄橋など建造物を傷める。当然、人体への影響も大きく、日本では四日市ぜんそくなどの重大な健康被害をもたらした。

そんな危険な物質であるものの、当初は、まだ公害という概念が希薄だったせいもあって、なかなか対策が進まなかった。しかし1970年代に入るころには先進国共通の「解決すべきテーマ」として強く認識されるようになり、大気中の濃度に関する環境基準が定められるとともに、それを実現するための具体的な規制が導入されていく。その結果、発電所や大きな工場に排煙脱硫装置の設置が義務づけられたことで1980年代以降は大気中の硫黄酸化物の濃度はかなり低くなった。また石油系の燃料については精製技術の進歩や基準の厳格化によって残留する硫黄分を少なくする努力が続けられ、それによる抑制効果も大きい。

硫黄酸化物に続いて注目されるようになったのが窒素酸化物（NOx＝ノックス）だ。窒素は空気の約8割を占めるありふれた物質で、しかも化学的に安定していることから不活性ガスと

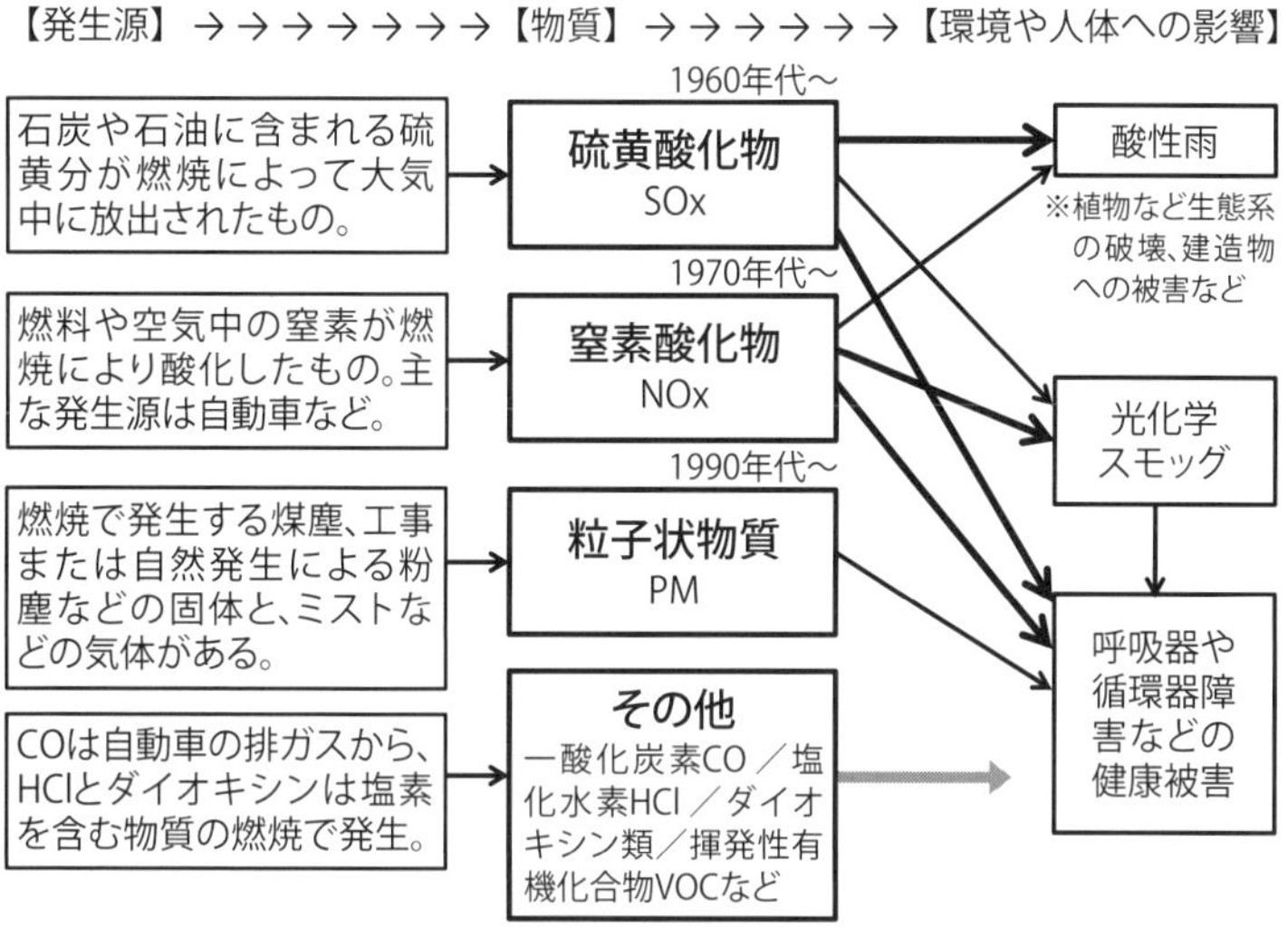

図2　大気汚染物質の種類

して工業製品や食品のパッケージに充填されたり、液化して冷却剤に使われたりしている。

ところがそんな窒素もボイラやエンジンのように高温・高圧下で燃焼が行われると反応性が増し、一部が酸素と化合して酸化物になってしまう。そしてこれが大気汚染の原因になるということが徐々にわかってきた。

なお、窒素酸化物は石炭に含まれる窒化化合物の燃焼や窒素を多く含む化学肥料の分解によっても生じるので、発生源はひとつではない。

大気中に放出された窒素酸化物は体内に入ると強い酸化作用を示して細胞を損傷する。その刺激によって気管支炎になったり、呼吸不全につながる肺水腫まで引き起こすほどだ。また硫黄酸化物と同じように酸性雨の原因にもなるほか、紫外線にあたると反応して別の物質になり、光化学スモッグを発生させる。このような問題が判明してきたことから対策が進み、脱硝装置の導入や自動車の排ガスを浄化する触媒装置の普及によって、20世紀中にはほぼ解決している。

その他、ダイオキシン類や揮発性有機化合物（ＶＯＣ）なども大気汚染物質としてとりあげられてきたが、硫黄酸化物や窒素酸化物に比べれば発生源を特定しやすいことから対症療法的な対策が進み、今のところ大きな被害は出ていない。そんなこともあって、20世紀の終わりごろには、少なくとも先進国においては「もう大気汚染の心配はしなくていいのでは……」といったムードが漂い始めていたほどだ。

ところがそこに登場してきたのが粒子状物質（ＰＭ）だった。正確にいうと、新登場ではなく返り咲きかもしれない。

先ほどのチャートでは触れていないが、実は大気汚染物質としてもっとも長い歴史をもっているのが大量の燃料を燃やすことで生じる煤塵だ。いわゆる「煤（すす）」で、炭素を主成分としながら燃料に含まれていた硫黄や窒素、金属類を含むので環境にも人体にもあまりやさしくはない。なお、煙もほぼ同じ成分なので本書では煤塵といったらそこまで含むものとする

（煤煙という言葉はややこしくなるので使わない）。

煤塵は火山の噴火や山火事などによっても生じるものの、人類が薪や木炭を燃やし始めるようになったことで発生量は確実に増えていった。それでも18世紀に入るころまでは「冬になると暖房のせいで煙い」と感じる程度で、それほど重大な問題だとは受け止められてはいない。状況が大きく変わったのは産業革命以降だ。石炭の大量消費が進むにつれて各地でスモッグが生じ、なかには視界不良によって都市機能が麻痺してしまうケースすらあった。

ちなみにスモッグ（smog）とはsmoke（煙）とfog（霧）を組み合わせた造語で、１９０５年にイギリスの医師がロンドンの汚れた空気について用いたのが最初だとされる。人工的な放出物と自然の霧が組み合わされることで大気の濁りがひどくなるというメカニズムは現在のＰＭ２・５問題にも共通しているので、非常に先見性のある発想だったのだが、作者がそこまで見通していたかどうかは、よくわからない。

煤塵による大気汚染は被害状況が目で見てすぐにわかることや、成分的に似ている炭鉱の粉塵を長期間吸い込んだ人が塵肺などの病気になることが知られていたせいもあって、比較的、早くに対策が進む。工場などでは煙突を高くしてできるだけ広く拡散するようにしたり（コラム参照）、時代があとになってくると集塵（除塵）装置によって排気をきれいにする方法が導入されるようになった。またボイラやエンジンの改良によって燃焼効率を高め、煤の発生を少なくしていったことも大きな効果につながっている。その結果、先進国では大気を曇らすようなスモッグが生じることはほとんどなくなっていた。

しかしどんな機械にも性能の限界があり、煤塵もすべて取り除けていたわけではなかった。空気中に漂う粒子状物質を除去する方法には、重力や静電気力を利用する流通式、エアフィルターなどを使う障害物式などいくつかあるが、これらの仕組みを知らなくても「大きな粒ほど取りやすそうだ」ということはなんとなくわかると思う。ニンジンを嫌いな人がカレーライスからは簡単に取り除くことができても、細かくみじん切りにしてハンバーグに混ぜられてしまえばあきらめて食べるしかないのと同じだ（違う？）。

どんなに高性能の集塵装置であっても、基準値以下の微小な粒子状物質はすべて取り除くことができず、一部あるいは大部分がすり抜けてしまう。もちろんそんなことは初めからわかっているが、「小さいから環境や人体への影響は少ないだろう」と楽観視されていたのか、あるいは、そもそも測定する装置がないので見て見ぬ振りをしたのか、そのあたりはよくわからないものの、とにかくマイクロメートル級の煤塵は長く規制の対象にはなっていなかった。

そういえば、1999年に当時の東京都知事だった石原慎太郎氏が「ディーゼル車の排ガスが深刻な大気汚染を引き起こしている」と訴え、ペットボトルに入れた煤塵を見せるパフォーマンスを行ったことがあった。あのとき示した粒子状物質はかなり粒が大きく、ボトルを振ってもすぐに下に落ちてしまうほどだったから、微小粒子状物質よりも目に見えるような大きな煤塵のほうが問題視されていたことがわかる。

一方で、すでに1980年代から「粒子状物質は小さいほど健康被害が深刻だ」と指摘する研究者は少なからずいた。息で吸い込んだとき呼吸器の奥にまで達するのに加え、粘膜などに沈着すると容易に排出されない。その結果、慢性的な咳や炎症、ぜんそくなどを引き起こす可能性があるだけでなく、循環器への影響や、物質の種類によっては発ガンの可能性さえあるというのだ。

そのような指摘を受けて公共の研究機関などでも調べ始めたところ、たしかに微小な粒子状物質ほど体内に深く侵入することがわかってきた。健康被害との関連性はまだはっきりしないものの、硫黄酸化物や窒素酸化物のときの苦い経験から先進国のあいだでは「大きな公害問題になる前に対策はとっておくべきだ」との予防の意識が定着しており、1987年にアメリカが世界に先駆けて微小粒子物質に関する環境基準を定める。そのとき規制対象になったのが粒子径10マイクロメートル以下のPM10だった。

なぜＰＭ10だったのかというと、そのころの集塵装置（正確には粒子のサイズごとに分類する分粒装置）の性能によるもので、それで測定できるサイズが約10マイクロメートルだったからだ。このためアメリカに続き、ヨーロッパでもＰＭ10に対する環境基準が整っていく。

もちろん日本もこの動きに追随し、１９９３年に施行された環境基本法に基づく環境基準ではは粒径10マイクロメートル以下の粒子状物質について数値を設けた。ところが、そこではＰＭ10という言葉は使われず、代わりに「浮遊粒子状物質（SPM＝suspended particulate matter）」という表現が採用されたせいか、環境に関心のある人以外にはあまり強くアピールできなかったように感じる。やはりニュース用語としては「ＰＭ＋数字」のほうが目新しくインパクトもあるので、この点はもう少し考えたほうがよかったのではないだろうか。

やがて集塵装置の性能が高められてＰＭ10の放出も徐々に抑えられていくのだが、当然、もっと小さい粒子状物質は取り切れず、次に基準の対象になったのがＰＭ２・５だった。１９９７年以降、アメリカとヨーロッパでＰＭ２・５濃度の観測が始まり、排出抑制への動きが始まる。この段階になって日本でもようやくこの名称を使うようになり、「ＰＭ～」という用語が徐々に知られるようになってきた……というのが今の状況である。

このように米・欧・日の先進国では新しい大気汚染物質が問題になると、順次、対策を進

先進国 日本、北米、西欧	硫黄酸化物（SO_X）や窒素酸化物（NO_X）、煤塵（大きめの粒子状物質）については、ほぼ解決済み。PM10やPM2.5などの小さい粒子状物質については問題になった段階で対策を進め、解決していっているので、**「PM2.5濃度」はPM2.5による大気汚染のみを示す数値だ**と考えていい。
新興国 主に中国とインド	硫黄酸化物（SO_X）や窒素酸化物（NO_X）、煤塵（大きめの粒子状物質）については環境規制がないか、あっても守られているとは限らない。PM10やPM2.5などの小さい粒子状物質が問題になってきたことで対策を模索中。したがって、**「PM2.5濃度」は他の物質を含めたすべての大気汚染の状況を示す指標**だと考えていい。

図3　先進国と新興国の大気汚染の違い

め、ルール*づくりとその遵守によって大きな被害になることを防いできた。その結果、1980年代以降、あまり大きな公害事件は起きていない。

ところが特殊な政治体制の下で急激な経済成長が始まった中国は、逆に1980年代から公害問題に悩まされていく。一応、硫黄酸化物や窒素酸化物、粒子状物質などに関する環境基準はあるのだが、さまざまな国内事情によってそれがしっかり守られているとはいえないようだ。このため環境政策のレベル*は先進国より三段階ぐらい遅れている。

したがって、中国におけるPM2・5の数値は単にこの物質の濃度を示すだけでなく、硫黄酸化物や窒素酸化物などを含めたすべての大気汚染物質の危険度を表す総合的な指標だと考えるべきだろう。視界を遮るスモッグだけが問題なのではない。

ここのところは、案外、誤解されているようなので、わかりやすくまとめておいた。同じPM2・5問題でも先進国と中国などの新興国とでは事情が違うということはしっかり頭に入れておいてほしい。

＊ルールづくりとその遵守

それは総論賛成なのだが、勢い余って街中で焚き火さえできなくなってしまったのはどうなのだろうか？　ああいうのは文化なのであまりうるさくいわないほうがよかったように思う。

＊先進国より三段階ぐらい遅れている

というより、先進国が半世紀近くにわたり取り組んできた公害問題が一気にまとめてやってきた、という感じか。

コラム

煙突っていったいなんだったのか？

昔は大きな火力発電所や工場には必ず高い煙突が建てられ、なかには東京都足立区にあった「お化け煙突（見る場所によって本数が変わるから）」のようなランドマークまであった。

しかし今、日本ではあまり高い煙突を見かけなくなってきている。

煙突には、上空の風の強いところまで伸ばすことで吸引効果を発揮させ、燃焼を助けるという機能があるものの、実際にはその効果はわずかであり、主な目的は汚染物質の拡散にある。できるだけ高く、人の生活圏から離れたところで放出することにより影響を減らそうという寸法だ。上空は強い風が吹いているので、すばやく広がり、薄まってしまう。

しかし考えてみればわかるように、どんなに煙突を高くしてもそこから放出される汚染物質の量が減るわけではない。まあ、多少の燃焼促進効果によって煤の発生がちょっとだけ減ったり、煙突内部に付着する分が増えたりといったぐらいはあるだろうが、それはわずかである。つまり本質的な公害対策としてはまったく役に立っていないわけで、そんなことから汚染物質を、直接、除去する環境装置が普及すると高い煙突は減っていった。今の日本の火力発電所や工場は水蒸気と二酸化炭素ぐらいしか出さないので、それでも大丈夫なのだ(ただし排気が熱いので、その影響を避けるための高さは必要)。

ちなみにウィキペディアで煙突を調べると「世界の煙突の高さ」という項目があり、カザフスタンにある419・7メートルのものから順に300メートル超級が並ぶ。ここを見てもほとんどは1970年代に建てられたものであることから、煙突が「古い環境対策」であることがよくわかる。

逆にいえば、今でも高い煙突からもくもく煙を出している国があるとすれば、根本的に環境政策が遅れているという証明になるわけで、むしろ恥ずかしい話なのである。

●【疑問3】PM2・5はどこで発生するのか?

最初に紹介するマップは、PM2・5問題を説明するときによく用いられるものだ。アメリカ航空宇宙局（NASA）が発表した2001～2006年の世界のPM2・5濃度の分布で、大気汚染問題を地球規模で考えるときの基礎データのひとつとなる。

ここで注目すべきは、2000年代初頭にはすでに中国のPM2・5の濃度がかなり高くなっていたという点だ。つまり、この国の大気汚染は今になって急に始まったものではなく、かなり長期化していることになる。

またインド北部にも同様の傾向がみられ、新興国として経済成長著しいアジアの二大国家はどちらも共通した問題を抱えていることがわかる。

それ以外で目立つのは、中東からアフリカ北部にかけてPM2・5濃度の高いエリアがベルト状に広がっている点だ。多くは人口密度が低く、都市化も工業化もあまり進んでいない土地だけに、公害ではなく自然発生的な粒子状物質が原因だと思われる。要するに砂漠（砂沙漠や

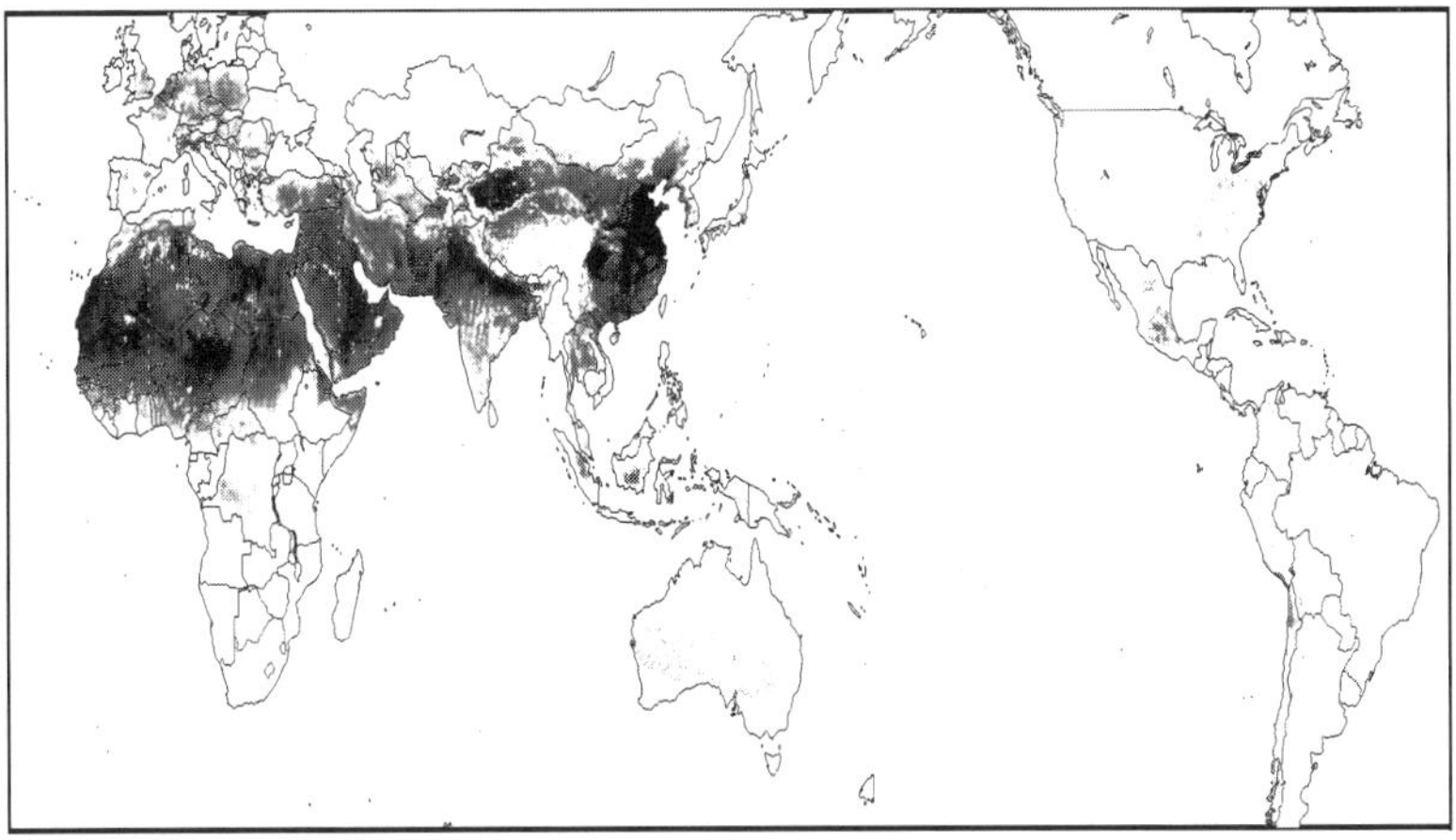

出典：アメリカ航空宇宙局（NASA）

図4　世界のPM2.5濃度の分布（2001-2006年）

土沙漠など）などの乾燥地で発生しやすい土埃によるものだ。それでもこれだけの高い濃度を示すのだから、ＰＭ２・５には人為的なものだけでなく自然発生によるものがかなり含まれていることが理解できると思う。

重要なのは、この「高濃度ＰＭ２・５ベルト」をそのまま東に延ばすと、中国やインド北部も含まれてしまうということだ。つまり、これらの地域ではもともと自然発生的なＰＭ２・５が生じやすい気象や地形条件を備えていたわけで、それに加えて工業化や都市化が進んだことにより人為発生的なＰＭ２・５が増え、追い打ちをかけたのだろう。

そう考えると、中国もインドも他のエ

リアの国に比べて大気汚染に対して神経質でなければいけなかったのに、それを考えず急激に開発を進めたことが、世界有数のPM2・5濃度国となってしまった原因だといえる。

中国とインドはかなり特殊なケースなので詳しくは次章以降に回すが、ここでは一般的なPM2・5の発生源を並べておく。参考にしたのは政府広報オンラインが発表している資料だ。

(1)に分類されているのは一次生成粒子と呼ばれるもので、大気中に放出された物質の一部がそのままPM2・5となって残り、浮遊している状態をいう。多いのはボイラや焼却炉などからの煤塵、野積みされた鉱物などからの粉塵、自動車や船舶、航空機などから出る排ガスだが、日本ではどれも個別の対策が施されているので、あまり心配はいらない。そのせいか、この資料では喫煙や調理中に出る煙にまで言及している。もちろんこれらは深刻な大気汚染を引き起こすほどの量にはならないので心配はいらない(ただし、集中的に吸わされた人に煙害は起こす)。

また、自然由来のものとしては土壌から舞い散る土埃(風塵)、前述した海塩粒子、火山の噴煙などがある。これらは残念ながら抑制のしようがないが、日本では今のところ健康被害を生じるほどの事態は起きていない。

可能性としては、もし大規模な噴火があれば一気に増えるはずだ。しかし、そのときには微小粒子状物質よりも火山ガスに大量に含まれる硫黄酸化物(二酸化硫黄=亜硫酸ガス)や「重

【主な発生源】

(1)物の燃焼などによって直接発生

- ボイラーや焼却炉などのばい煙を発生する施設
- コークス炉や鉱物堆積場など粉じん(細かいちり)を発生する施設
- 自動車、船舶、航空機
- 土壌、海洋、火山の噴煙など自然由来のもの
- 喫煙や調理、ストーブの使用など家庭から　など

(2)様々な物質の大気中での化学反応によって生成

- 火力発電所、工場や事業所、自動車、船舶、航空機などから燃料の燃焼によって排出される硫黄酸化物、窒素酸化物
- 溶剤や塗料の使用時や石油取扱施設からの蒸発、森林などから排出される揮発性有機化合物　など

→これらのガス状物質が大気中で光やオゾンと反応し、PM2.5が生成されます。

【成分】

炭素成分、硝酸塩、硫酸塩、アンモニウム塩のほか、ケイ素、ナトリウム、アルミニウムなどの無機元素などが含まれます。

出典：政府広報オンライン『「PM2.5」の濃度の上昇にご注意を！ 健康に及ぼす影響と日常生活における注意点』(http://www.gov-online.go.jp/useful/article/201303/5.html)

図5　PM2.5の主な発生源と成分

くて熱い」火砕流のほうがはるかに危険なわけで、PM2・5どころの問題ではなくなってくるだろう。

(2)に分類されるのは二次生成粒子と呼ばれ、空気中に放出された物質が化学反応を起こしてPM2・5サイズになってしまうものだ。たとえば火力発電所や工場、自動車などから出る硫黄酸化物や窒素酸化物、石油製品などから発生する揮発性有機化合物が大気中で光やオゾンと反応するとそれぞれ硫*酸塩や硝酸塩となって粒子化する。

1970年代に日本でも光化学スモッグとして問題になったものと同じであり、当初は発生のメカニズムが完全にわからなかったため怖れられたが、現在では原因物質もほぼ特定されているので、発生源に大気中に放出されないような対策が施されていれば大部分は防げる。逆にいえばそういう規制が進んでいない国では一次生成粒子に二次生成粒子が加わることにより、PM2・5の被害は増大してしまうのである。

日本におけるPM2・5の発生源別の比率（寄与率）に関しては、神奈川県環境科学センターによるレポートが都市部（大和市）、海岸部（茅ヶ崎市）、山間（犬越路）と土地の条件ごとによくまとめてあるので掲載しておく。ただし、これらの比率は場所や季節によって大きく変わってくるので、あくまで一例として参考にしてほしい。

特徴としては、比較的、二次生成粒子が多いという点で、自動車排出ガスと燃料燃焼による一次性粒子はそれほど多くない。このあたりが後述する中国の状況とはかなり違うようだ。

＊硫酸塩や硝酸塩となって粒子化
塩類になることで粒子状物質になり、量が多くなると大気を濁らせる。ただ化学的には塩類になる段階で酸性から中性に中和されるので、硫黄酸化物や窒素酸化物のときより毒性は下がっている。

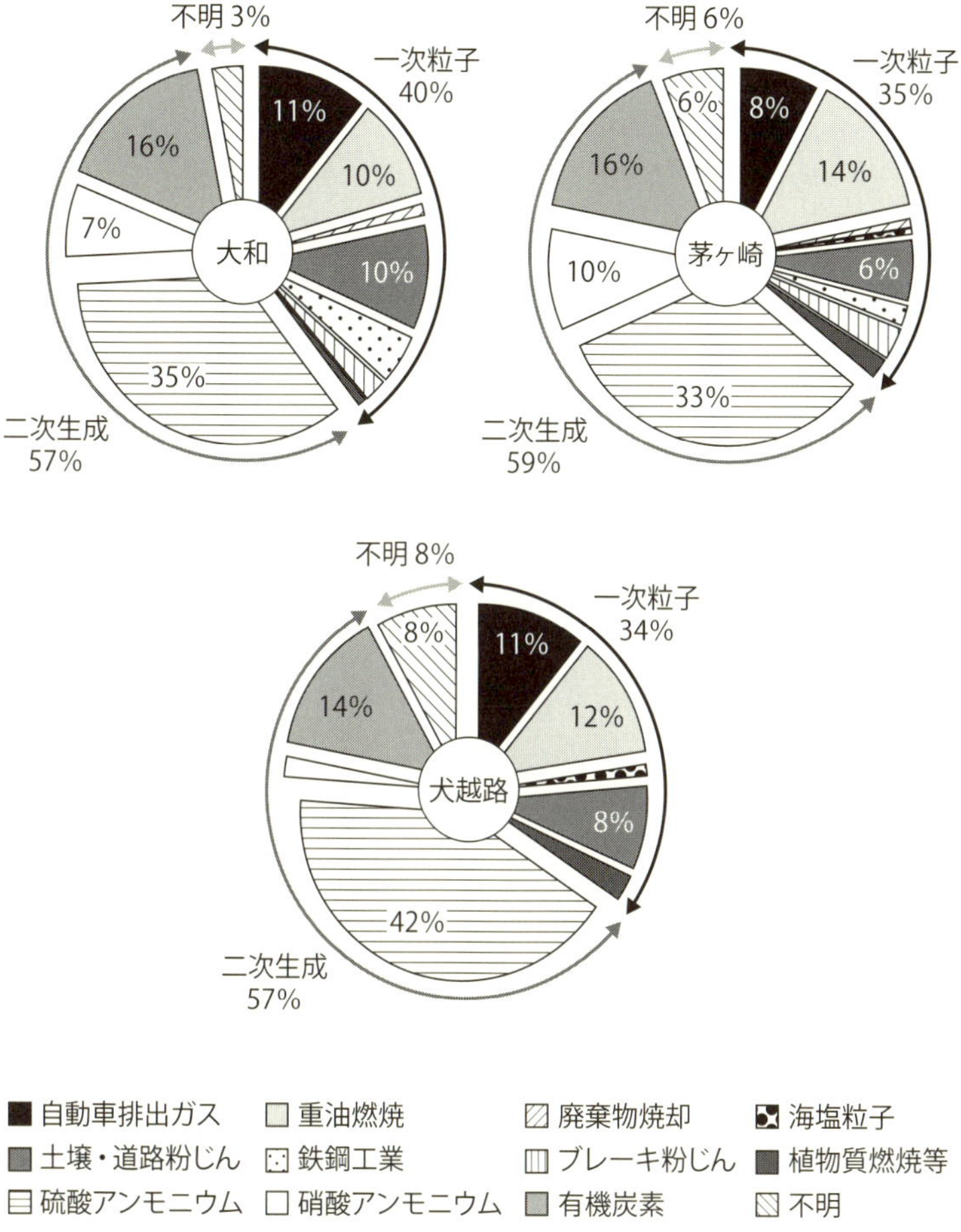

出典：神奈川県環境科学センター研究報告 第36号（2013）

図6 日本におけるPM2.5の発生源別比率

●【疑問4】PM2・5はどうやって拡散していくのか?

空気中に放出され、浮遊する物質は風に乗って広がっていく。だからこそ中国の大気汚染が日本人の関心を集めているのだが、ただ理論上、浮遊物質の濃度は運*ばれる距離の二乗に反比例するかたちで減っていくので、大陸に由来するPM2・5(および一緒に運ばれるさまざまな汚染物質)によって私たちが深刻な健康被害を受ける可能性はあまり高くないと思う。

もちろん、どこまでを「深刻な健康被害」だと受けとるかによっても変わってくるが、それでも、もし日本でPM2・5による呼吸器障害が目に見えて増えていったとしたら、汚染源である中国ではとんでもない地獄絵図になっているはずで、いくらなんでもそんな事態は考えにくいからだ。

それでも、PM2・5の人体への影響については、まだわからない部分が多いので、まったく無視するわけにもいかない。したがって、気象庁や自治体などが継続的に測定し、発表している大気中のPM2・5濃度を、ときどきは気にしたほうがいいだろう。

PM2・5の拡散において知っておかなければいけないのが偏西風や貿易風などの恒常風

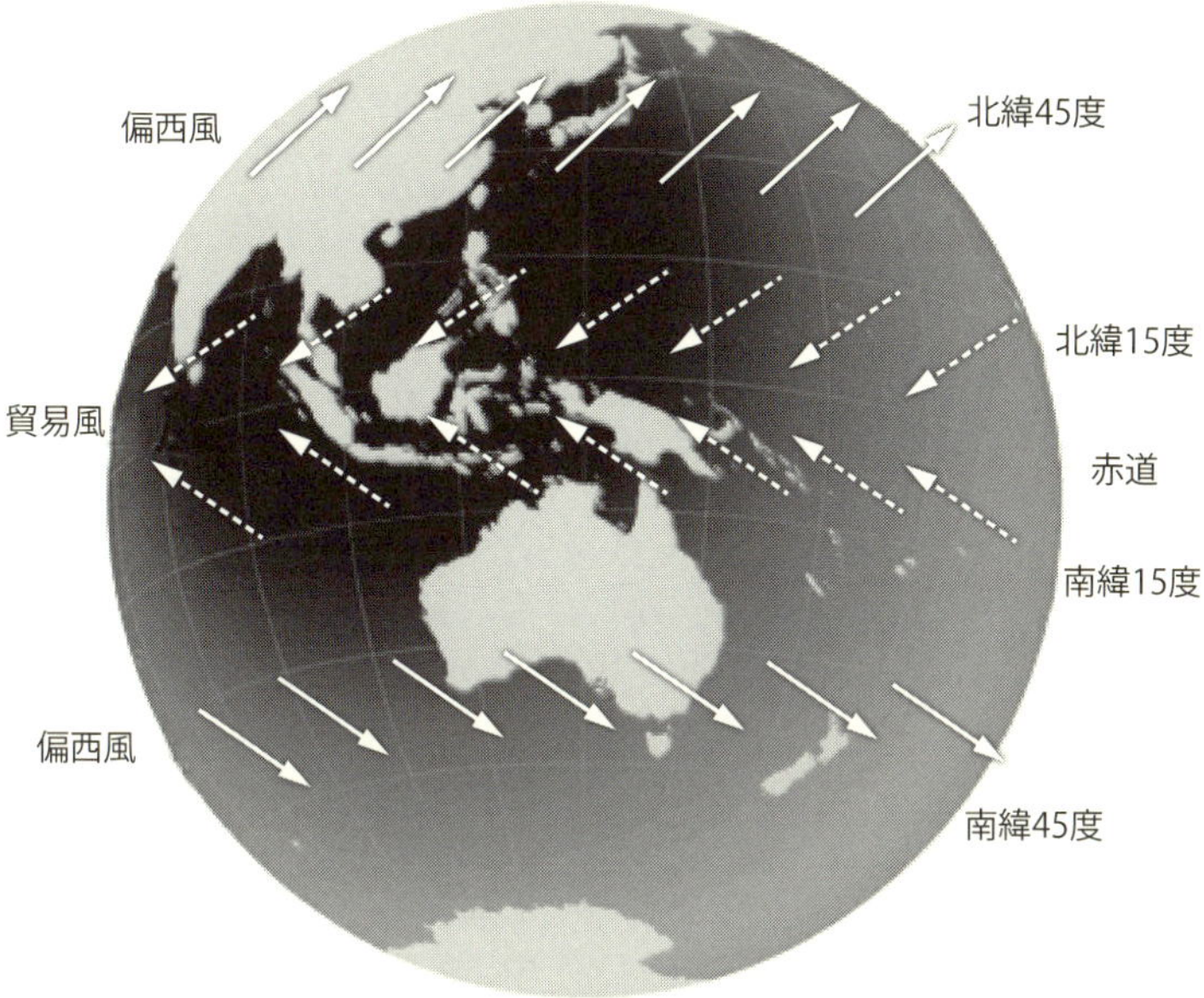

図7　偏西風と貿易風

（年間を通して決まった方向に吹く風）の知識だ。地球規模でみたとき風の向きには規則性があり、赤道から北緯15度と南緯15度あたりまでは西向きの貿易風、北緯30〜60度と南緯30〜60度あたりでは東向きの偏西風が吹く。つまり緯度によって吹く方向が違うからこそ、昔は帆船だけで世界中を旅できたのである。

日本列島は沖縄や奄美諸島を除けば北緯30〜46度の偏西風帯に収まるので、恒常的には西からの風が吹く。正確にいうなら南西からの風だ。

偏西風の存在を如実に示してく

れるのが台風の進路だろう。赤道の北側で発生した台風は、当初、北東からの貿易風に乗って西または北西に向かう。しかし沖縄あたりまで来ると貿易風が弱まるので北向きに進路を変え、さらに偏西風に乗ることで一気に*方向転換とスピードアップをして日本列島付近を北東に向かって駆け抜けていく。

最近は地球温暖化が原因と思われる偏西風の乱れが気象学者たちによって指摘されているが、それでも毎度毎度の台風の進路をみている限り変化はなく、地球全体の大きな空気の動きはあまり変わっていないことがわかる。

日本は、大気汚染の進む中国からみて偏西風の風下にあたる東に位置するため、当然、影響を受けやすい。というか、すでに受けている。

春になると西日本や日本海側の土地で観測されやすい黄砂は、中国の中央部から北西部にある砂漠の細かい砂が風に乗って2000キロメートル以上、飛んできたものだ。当然、黄砂の中にもPM2・5は含まれており、汚染物質の飛来は今になって始まったことではない。

それでも中国と日本とではそこそこ距離があるし、途中が海なのでそこで吸収されやすく、大気汚染物質の濃度はかなり薄まっているはずだ。むしろ心配しなければいけないのは、発生地までの距離が近く、しかも陸続きの朝鮮半島のほうだろう。実際、韓国では2002年3月に黄砂が原因と思われる大気中のＰＭ10濃度が急上昇して視程が2キロメートル以下になり、呼吸すら困難になったことがあった。このときは５０００校近い学校が休校になったほか、航空機の欠航や精密機器工場の操業見合わせといった実害が出ている。

大気汚染物質は恒常風によって横に大きく移動するが、実はそれだけで中国のＰＭ２・５が日本に来るメカニズムをすべて説明できたことにはならない。もうひとつ、上下の空気の動きも重要だ。

黄砂現象の研究によると、大きさが50マイクロメートル以下の粒子状物質は上昇気流に乗って高度５００～２０００メートルまで容易に移動するという。ただし、このあたりは大気境界層といい、地表面の影響を受けて気流は乱れやすいので、まだどっちの方向に飛んでいくかわからない状況だ。

しかしそれ以上の高度、場所にもよるが１０００～２０００メートル以上になると自由大気といって地表面の影響を受けにくい層になり、ここまで昇ってきた粒子状物質は基本的に恒常風の方向に移動する。さらに上空の８０００メートル以上には*ジェット気流という強い空気の流れがあり、これに乗ると最高では時速３６０キロメートルという新幹線以上のスピードで運ばれてしまう。そしてＰＭ10、ＰＭ２・５と小さくなっていくにつれ、より高い層にまで上昇していく可能性が高くなる。

ただし、ジェット気流に乗ったままであれば中国の大気汚染物質は日本を通り越し、アメリカなどもっと先まで飛んでいくので、実はあまり心配はいらない。問題なのは、季節や気候によって日本列島上空に降下する空気の流れが生じたり、雨によって上空の物質が地上にまで届けられるときだ。このため、気象庁が黄砂予測をするときには「発生域での黄砂の舞い上がり」「移動や拡散」「降下の過程」などを組み込んだ数値予測モデルを用いてシミュレーションをしている。もちろんこのモデルは、将来的にPM2・5の濃度予測が必要になったときにも有効だろう（現在は濃度の観測のみ）。

黄砂についていえば、日本への飛来量がもっとも多くなるのは春だ。発生地である中国やモンゴルでは表土を覆っていた雪が融け、黄砂が舞い散りやすくなる。さらに高気圧の勢力が弱まってくるので偏西風の勢いが強まるからだ。その後、暖かくなってくると乾燥した地域でも植物が生え、また雨も多くなってくるので黄砂の上昇は抑えられる。

煤塵など人工的な粒子状物質の場合は、このパターンとは少し変わってくるはずだ。発生量は暖房が必要な冬に多いものの、それでも発電所や工場は通年稼動しているし、自動車も1年中走っているので、季節による変動はそれほど大きくはない。したがって、偏西風の状況と日本列島付近において下降気流が発生しているときには、常に飛んでくる可能性があると考えて

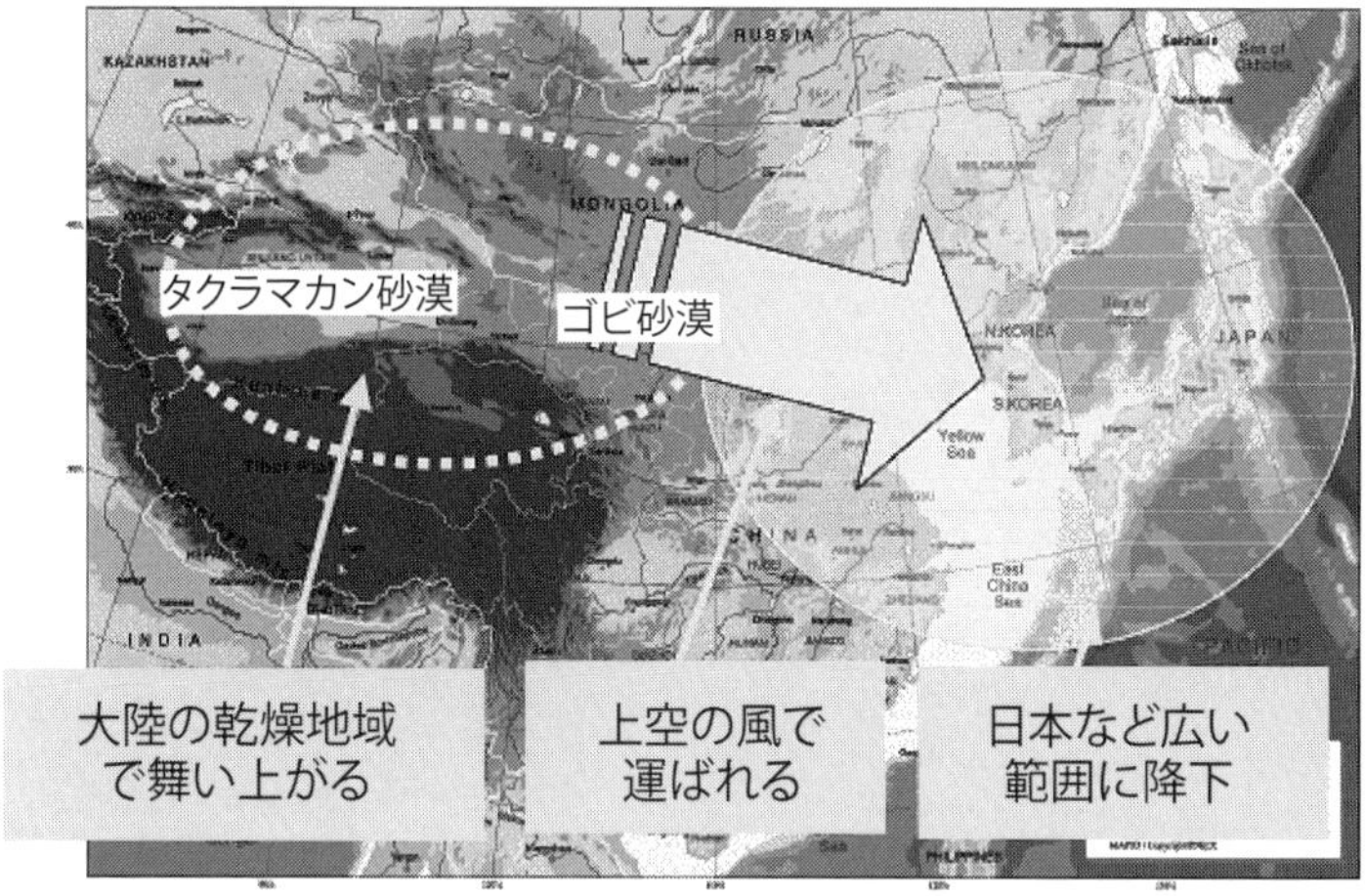

出典：気象庁HP「黄砂解説図」

図8　黄砂予測モデルの模式図

いいだろう。

＊運ばれる距離の二乗に反比例する北京と東京の距離は約2100キロメートル。大気汚染が100キロメートルを超えて広がるような例はまずないので、これを絶対安全距離だとすると、理論上、東京はその441分の1の濃度にしかならないのだから、直接的な被害が及ぶとは考えにくい。なお、こういう話をすると必ず「部分的に汚染物質が集まるホットスポットが生じる」と危険性を強調する人が現れるのだが（原発事故のあとによくいた）、科学の基本的な考え方であるエントロピーや確率論からいってそういうことはありえず、単なるオカルトである。彼らの主張は「箸を机の上に投げたら偶然立つことがある」と言っているのと同じで、確率はゼロではないものの可能性を心配するほうがおかしい。

＊方向転換とスピードアップ
地球上では自転の影響によって生じるコリオリの力が発生し、これによっても台風の進路は右曲がりになる。

＊ジェット気流
アメリカやヨーロッパに飛行機で旅すると、東行きは西行きより1時間程度早く着くのはジェット気流があるせいで、それを考えてもかなり強い風であることがわかる。

●【疑問5】PM2・5によりどんな健康被害が生じるのか？

この疑問は本書の根幹をなすテーマのひとつではあるものの、実はあまりはっきりした答えがない。たとえば政府広報オンラインの『「PM2・5」の濃度の上昇にご注意を！　健康に及ぼす影響と日常生活における注意点』と題した文書にはこう書かれている。

「PM2・5は粒子の大きさが非常に小さいため、肺の奥深くにまで入り込みやすく、ぜんそくや気管支炎などの呼吸器系疾患や循環器系疾患などのリスクを上昇させると考えられます。特に呼吸器系や循環器系の病気をもつ人、お年寄りや子どもなどは影響を受けやすいと考えられるので、注意が必要です」

またここからリンクが張られている『微小粒子状物質（PM2・5）に関するよくある質問（Q&A）』という文書には「喘息や気管支炎などの呼吸器系疾患への影響のほか、肺がんのリスク上昇や循環器系への影響も懸念されています」との表記があったが、いずれも「考えられる」「懸念されています」といった曖昧な表現がされていることでわかるように、PM2・5と健康被害の因果関係は、まだ完全には証明されていない。

もっとも、これは多くの病気にも通じることなので（ガンだって発症のメカニズムは解明され尽くしていない）、「はっきりしないから大丈夫」と思わず、専門家からの情報には耳を傾けるべきだろう。

ここでは、まず、「PM2・5は健康への影響が大きいのではないか」との考え方の前提にある「粒子の大きさが非常に小さいため、肺の奥深くにまで入り込みやすく」という部分について調べてみよう。これについてはいくつか研究報告があるが、国立環境研究所の情報誌にあったデータがわかりやすいと思う。それによると、呼吸によって吸い込まれた物質が沈着する場所は粒子径が小さいほど気管や気管支、肺胞へと移っていくので、より奥に到達しやすいのは事実のようだ。特にＰＭ10からＰＭ２・５へと微小化していくと肺胞への沈着量が急激に増えていくところに注目してほしい。

ただし、体内のどこかに沈着したからといって、ＰＭ２・５などの微小粒子がすぐに悪さをするわけではない。問題なのは、やはりそこに毒性のある硫黄酸化物や窒素酸化物、あるいはアレルギー物質などが含まれる場合だ。

毒性のある物質が体内に入ったとき、被害の状況はその量ではなく表面積の広さに応じて拡大する。つまり表面積が大きくなるほど体との接触面が増え、影響は大きくなるからで、たとえば粒子の大きさ（粒径）が10分の１になると粒全体としての表面積は約１００倍になり、危険性は大きく増してしまう。

これは花粉症の被害状況にも表れていて、スギ花粉は放出された段階では粒径が30マイクロメートルほどあるが、飛散していくうちに変形・分裂し、最後には１マイクロメートル（つまりＰＭ１）にまでなることがある。そのことが花粉の発生源から遠い都会であっても多くの被害が出る理由のひとつだという。

次に呼吸器以外への影響についても考えてみることにしよう。

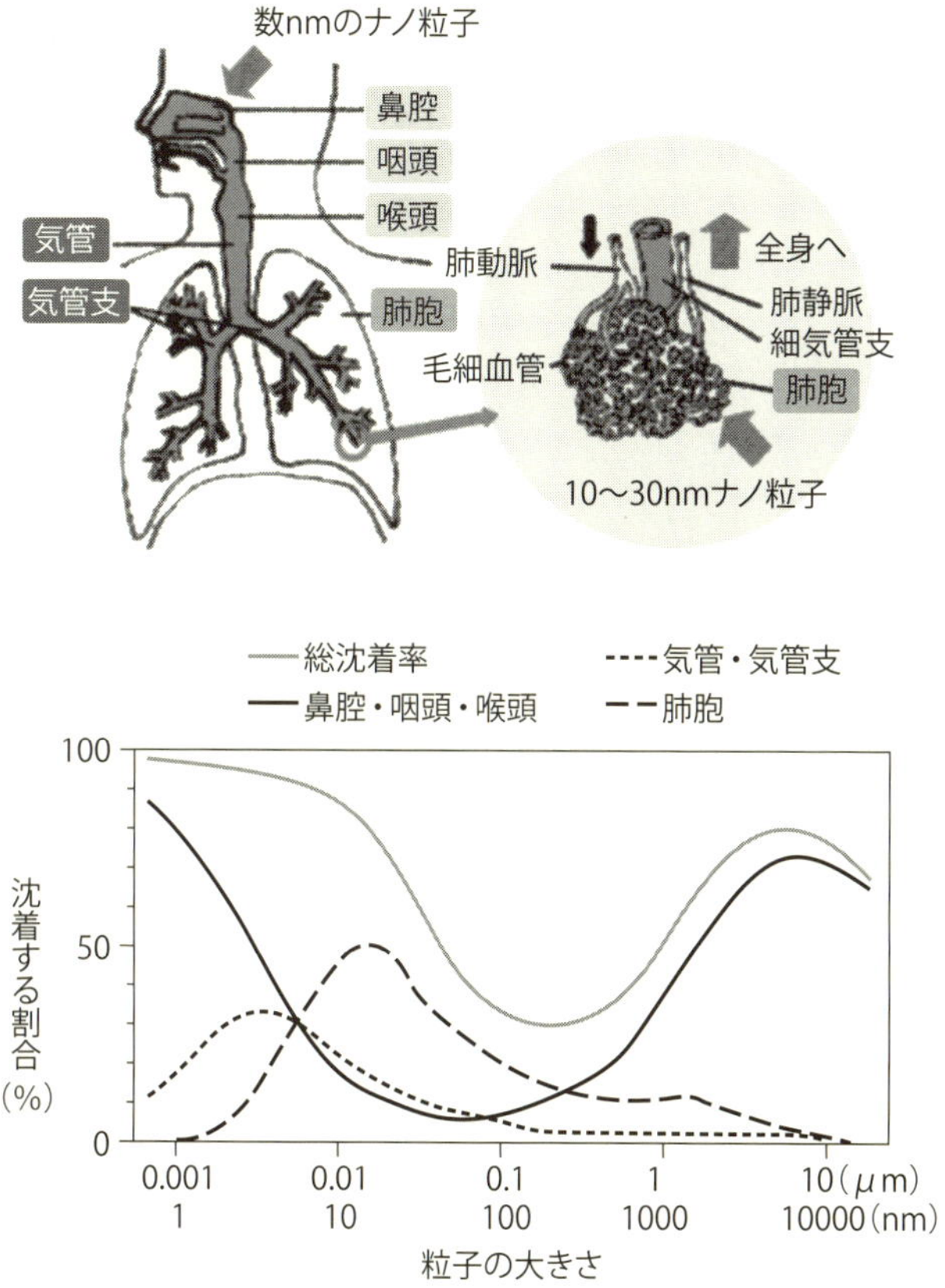

出典：（独）国立環境研究所「環境儀」No.22 October 2006 p.9

図9　吸い込まれた粒子が沈着する場所

先ほど引用した政府広報オンラインの資料では心臓など循環器に病気をもつ人への心配が記されていた。ただし、文面では「リスクを上昇させると考えられます」といった表現に抑えられているので、PM2・5を吸い込んだからといって、直接、心臓や血管にダメージがあるとは考えられていないようだ。おそらく、気管支系の障害によって呼吸が妨げられ、それによる影響が他の部分の病気にも及ぶといった意味だろう。

しかし今後、研究が進むことで、PM2・5よりもっと小さな粒子状物質がリスク因子として浮上していく可能性はある。たとえば粒径がその100分の1以下の20ナノメートル級になると（1ナノメートル＝1000分の1マイクロメートル）、肺胞まで入った場合、50パーセントはどこかに沈着してしまう。そしてそこに留まるだけでなく血流中にも入り込みやすいことから、もし毒性がある物質だった場合、心臓だけでなく肝臓などの消化器系にまで影響が及ぶのではないかと懸念されている。

もちろん、これはあくまで「心配」であって「危険性」ではないので、そこのところは誤解しないでほしい。最近では粒子径が概ね0・5マイクロメートル以下のPM0・5や、概ね0・1マイクロメートル以下のPM0・1を超微小粒子（ultrafine particle）、100ナノメートル以下のものをナノ粒子と呼んで、その挙動や人体への影響に関する研究が始まっているので、関心のある人は、その動きをみていてほしい。

＊呼吸器以外への影響
アメリカ環境保護庁（ＥＰＡ）はＰＭ２・５の高濃度地域に短期間いただけでも不整脈など循環器系の疾患に影響する可能性があるほか、長期間いると小児や胎児の成長に影響を与えるほか、発ガン性や変異原性などを示す可能性もあると指摘している。（『ＰＭ２・５に関して頻繁に寄せられる質問』／日本エアロゾル学会／https://www.jaast.jp/PM2_5_faq/）

コラム
怖いのはＰＭ２・５と一緒にやってくる毒物

中国のＰＭ２・５問題は他の毒性物質も含む総合的な大気汚染だと説明したが、それだけに健康被害の可能性は先進国のＰＭのケースとは大きく違ってくる。少し極端な例だが、参考になるかもしれないのが、１９５２年12月に起きた有名なロンドン・スモッグ事件だ。

ロンドンはもともと霧が発生しやすい土地であるものの、産業革命後は石炭の使用量が急激に伸びたこともあって煤塵に誘発された霧や靄、つまりスモッグがひどくなっていった。それでも抜本的な対策がなかなか進まなかったのは、太陽光の放射と燃料の利用によって暖められた地表近くの空気が上昇して大気が拡散される現象により、何時間かがまんすれば大気の濁りは解消されたからだ。

ところがこの冬、記録的な寒さにより地表は冷え込み、放射冷却によって冷たい大気が低い層に滞ってしまう現象が起きる。つまり上下方向の大気の対流が起きにくくなったのである。そのうえ寒さを防ごうと暖房用の石炭をたくさん燃やしたため、大量の煤や煙が低い場所に溜まってしまった。

数メートル先もよく見えないスモッグの発生にロンドン中がパニックに陥ったのはいうまでもないが、問題はそれだけではなかった。視界を遮る粒子状物質以外にも、そのころはほとんど処理されないまま放出されていた硫黄酸化物、特に二酸化硫黄（亜硫酸ガス）が冷えて動きのなくなった低い空気の層に流れ込んでいく。亜硫酸ガスは19世紀のクリミア戦争で化学兵器として使用されたほどの毒物であり、そんなものが生活圏を高濃度に覆ってしまったのだから被害は甚大だ。最高で1日に９００人以上、合計で1万人以上が死亡したという。ちなみにこのころのロンドンの人口は９００万人ほどなので、９００人に１人以上が亡くなったことになる。

ロンドン・スモッグ事件のときの観測データをみると、粒子状物質につながる粉塵の濃度と二酸化硫黄濃度、そして死亡者数の描くカーブは完全に重なっており、この３つの数値には関連性が認められる。つまり環境対策が不充分なところでは*問題はＰＭ２・５だけに終わらず、一緒の放出される物質についても考えないといけないのである。

＊問題はＰＭ２・５だけに終わらず
日本に飛来する黄砂についても、それ自体が起こす呼吸障害だけでなく、付着して運ばれる細菌や真

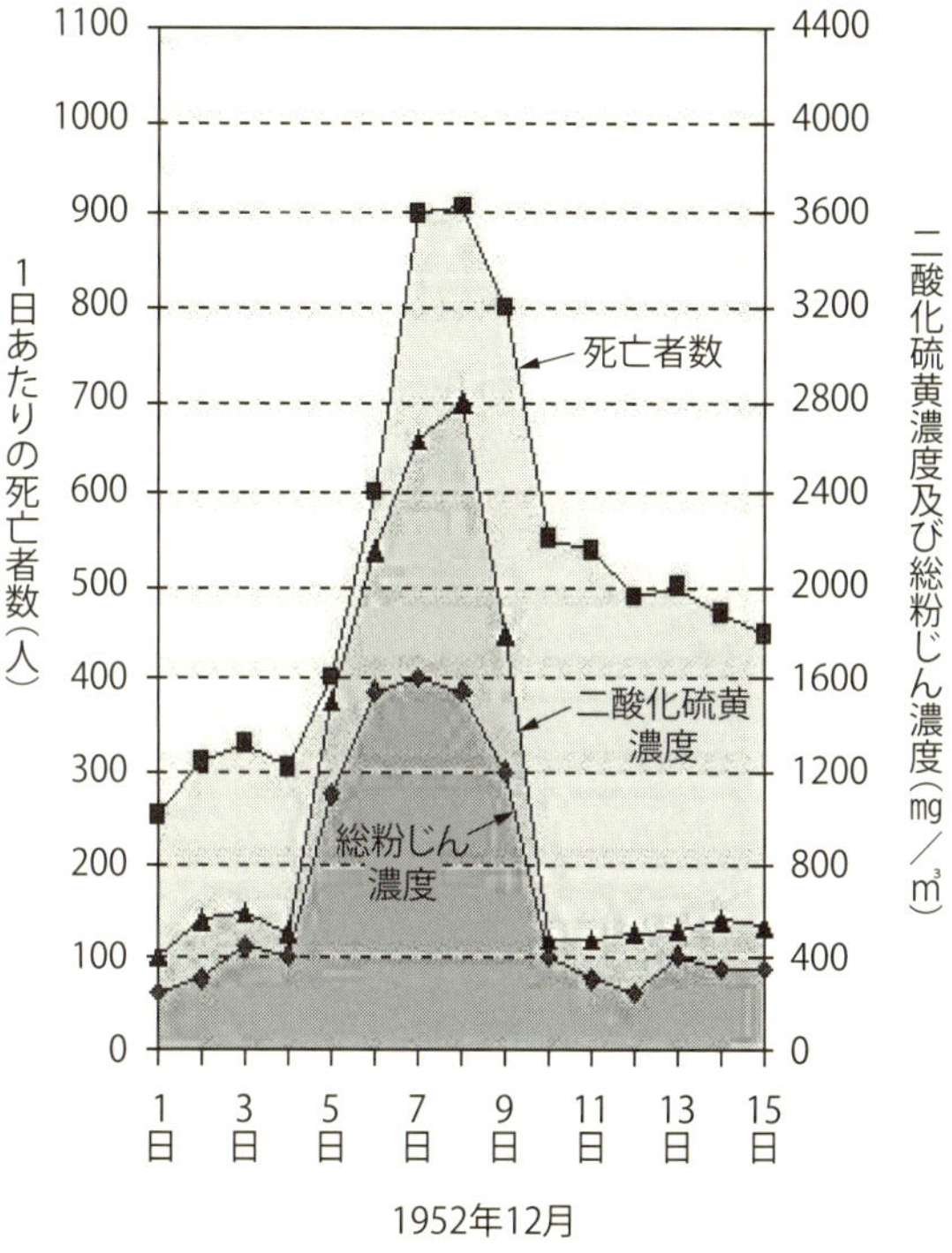

出典：J. Royal Sanitary Institute. 1954. Wilkins

図10　1952年のロンドン-スモッグ事件当時の大気汚染物質濃度と死亡者数

菌（カビ）などの微生物が引き起こすアレルギー疾患や呼吸器疾患を心配する専門家がいる。その場合、粒子が小さいほど運ばれやすいし、呼吸器の奥にまで達しやすいので、やはりＰＭ２・５のような小さいもののほうが危険性は高いとされる。

●【疑問6】ＰＭ２・５濃度と健康被害の関係は？

「人の健康を保護する上で維持されることが望ましい」とされる日本の環境基準では、ＰＭ２・５濃度は１年間の平均値が１立方メートルあたり（以下同）15マイクログラム以下、１日の平均値が35マイクログラム以下であるとされている。また環境省が２０１３年２月に設置した「微小粒子状物質（ＰＭ２・５）に関する専門家会合」では、注意喚起のための暫定的な指針となる値を１日平均70マイクログラム以下と定めている。それを受けて、現在、わが国では１日の平均値がこの数値以上であるか、１時間平均値が85マイクログラム以上であったときに都道府県が注意喚起を行うことを推奨しているが、実際にはそのケースは非常に少ない。調べた範囲では、２０１３年11月４日に千葉県市原市で気象条件から汚染物質が拡散しにくくなり、１時間値が最大１２７マイクログラムになったので県内全域に注意喚起を行ったが、１日平均では57マイクログラムとなり、大きな問題にはならなかった。各地の観測値をみても基

	年平均値	1日平均値	備考
中国	35	75	2012年2月からの重点地用新基準
日本	15	35	
アメリカ	12	35	2013年3月に年平均値を15から強化
WHO	10	25	基準値ではなく指針

μg/m³

図11　中国、日本、アメリカのPM2.5濃度の環境基準

準値とのあいだにはかなり大きな開きがあり、日本ではＰＭ２・５による健康被害はほとんど心配しないでよさそうだ。

その他、アメリカと中国のＰＭ２・５濃度の環境基準と、世界保健機関（ＷＨＯ）の指針値、つまり「科学的知見から長期にわたってその濃度の空気を吸っていても健康への有害な影響を受けないであろうと判断される値」についても並べておいたので参考にしてほしい。アメリカが、より厳格化を進めているのに対し、中国はかなり緩いが、このあたりに両国のつばぜり合いのようなものが感じられ、なかなか味わいのある数値といえる。

●【疑問7】ＰＭ２・５にはどんな対策があるのか？

大気汚染に限らず、あらゆる公害問題への対策は図のような手順で進む。基本的には消極的な「観測（測定）」と積極的な「抑制」を繰り返しながら、環境負荷を許容範囲にまでもっていくことが目標だ。

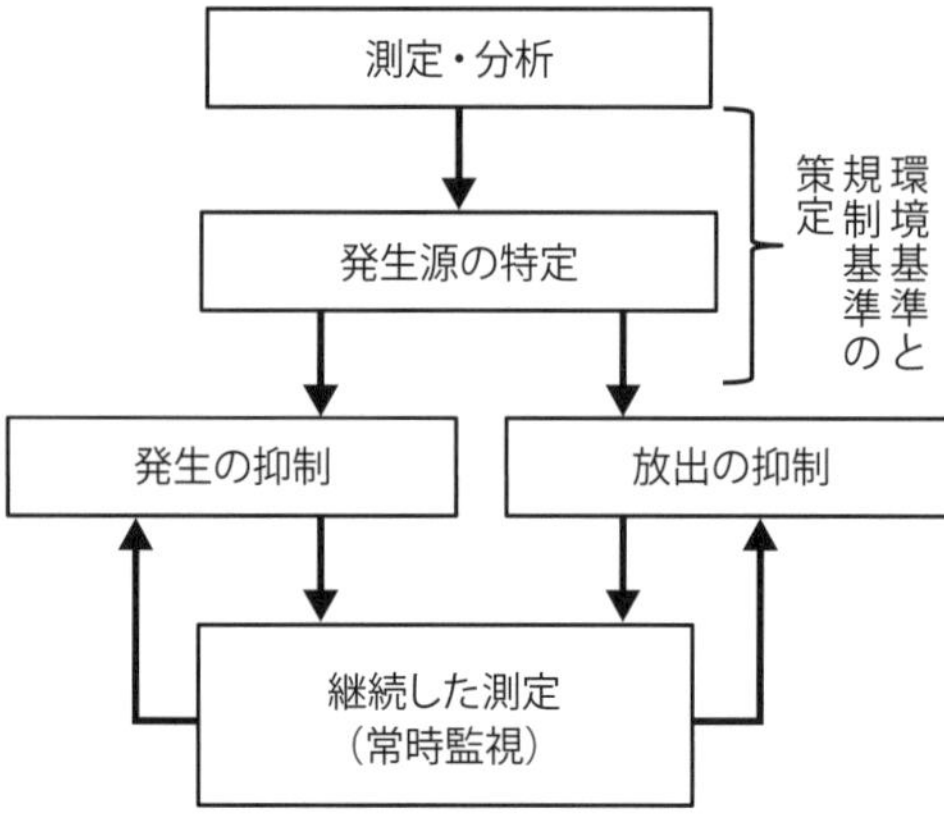

図12　公害問題の解決チャート

また行政的な動きとしては環境基準と規制基準の策定がある。

環境基準はさまざまな環境政策を進めるときの目標となるもので、現在、日本では大気・水質・土壌・騒音の4分野において具体的な数値が決められており、国や自治体はその実現に努めなければならない。

一方、規制基準は公害などの発生源である工場や自動車などから発生する汚染物質の排出濃度を規制するための基準で、環境基準の実現に必要なものが、適宜、決められていく。

PM2・5に関していえば、環境基準が定められたのは2009年9月のことだ。現状では特に危険性が高いわけではないため特にこの物質だけを対象にした規制基準はなく、他の大気汚染物質に関するもので対応しているが、常時監視できる

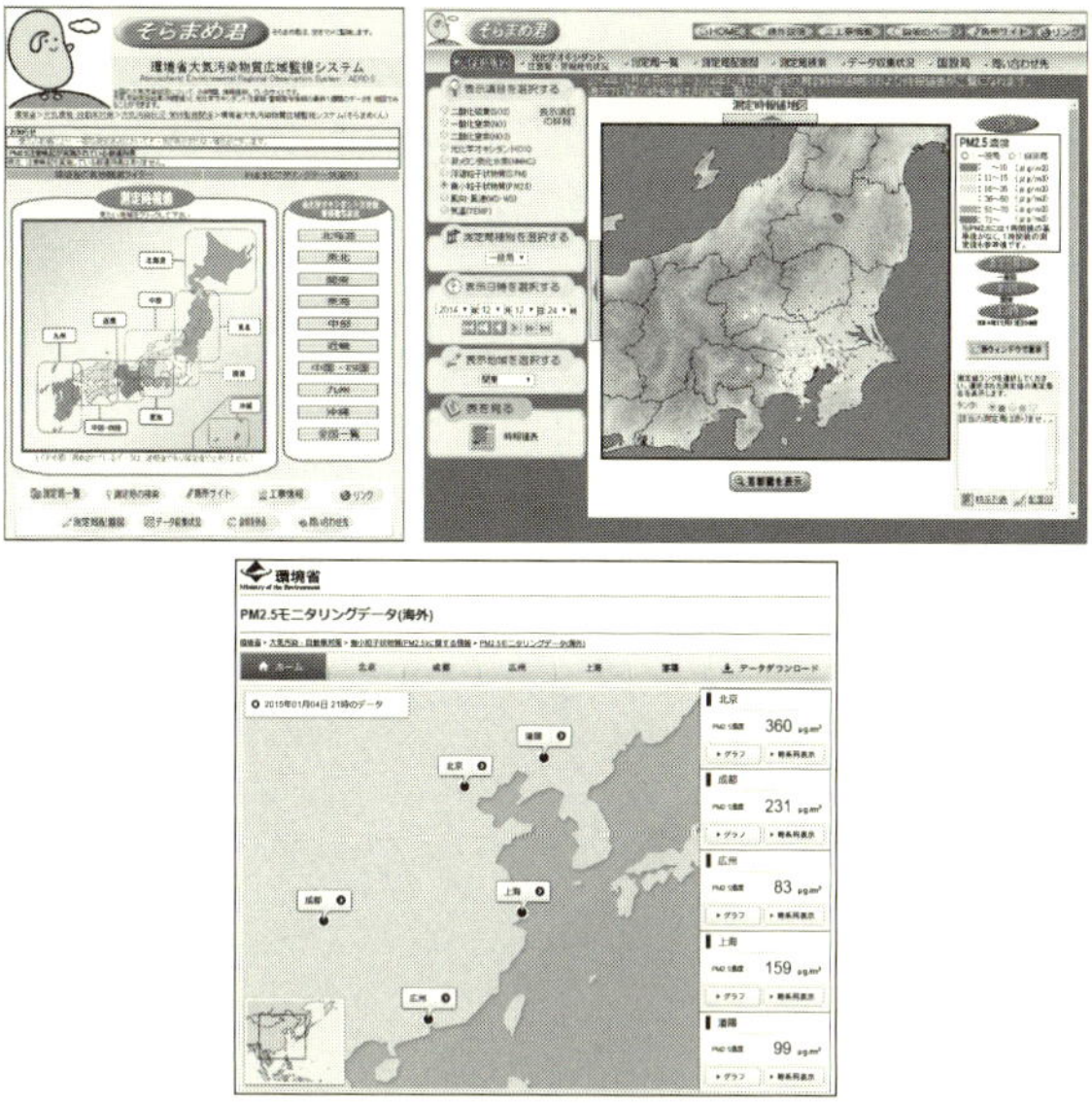

図13　環境省大気汚染物質広域監視システム「そらまめ君」

体制を整えるため、環境基準の策定策と同時に標準測定法を定めた。それは濾過捕集による質量測定法で、簡単にいえば空気を基準に合ったエアフィルター（濾過材）に通して吸引し、重量の増加分を測るというものだ。

ただし、この方法は手作業であり、労力と時間がかかるので、実際にはこれと等価の性能をもつ*自動測定機の使用が翌年から認められるようになった。また測定地の一部では採取したPM2・5の成*分分析も行い、特定の物質の増加にも目を光らせている。

現在、PM2・5の常時監視体制は全国600カ所以上の測定局で行われており、その結果は自治体などを通して発表されているほか、環境省の大気汚染物質広域監視システム「そらまめ君」ではリアルタイムで全国の測定値を調べることができる。またここから環境省の海外モニタリングデータのページにもリンクが張られ、中国5カ所の測定数値がみられるので、心配な人はそちらもチェックしてみるといいだろう。

ＰＭ２・５の発生源において発生や排出を抑制する方法については第4章で改めて解説するので、そちらを読んでほしい。

＊自動測定機
分粒装置でサイズごとに分けた浮遊物質を含む空気にベータ線を照射し、その吸収量から物質に質量を測るベータ線吸収法や、特定の波長の光をあてて散乱量から濃度を測定する光散乱法、およびこれらを組み合わせたハイブリッド方式などがある。最近では簡易的にＰＭ２・５濃度を計測できるハンディタイプの計測装置も市販されている。

＊成分分析
一般的には濾過材（フィルター）で捕集したＰＭ２・５を化学分析するが、この方法だとある程度の量が必要になるので、それを集めるのに24時間くらいかかることもある。これでは大変なので、最近ではフィルターで捕集せず、ＰＭ２・５の粒子の1個1個を瞬間的に分析する方法も考え出されている。

第1章

中国の大気汚染は21世紀型の環境問題

ＰＭ2・5と聞いて誰もが真っ先に思い浮かべるのが中国だ。地球全体を見回せば他にも大気汚染が深刻な地域はあるのだが、日本国内の報道をみている限り中国とＰＭ2・5は完全にセットになっており、それ以外に想像が及ばない。

ただ、この国の動向が注目を集める理由はたしかにあると思う。なぜなら、今の中国の大気汚染はこれまでとは違う21世紀型の環境問題であり、先進諸国が多くの公害を解決してきたプロセスとは異なる展開を見せているからだ。

ここで「21世紀型」と書いたのは、もちろん未来志向といった前向きな意味ではない。むしろ逆で、過去の常識が通用せず、この先、本当に解決に向かうのか、あるいはひたすら悲惨な方向に向かうのか、将来を見通すのが難しい。だからこそ、今後の動向が注視される。

心配なのは、中国は人口において世界の約2割、国土面積において地球上の陸地の約6・5パーセントを占める超大国だということだ。そんな国で解決の兆しのないまま環境汚染が日常化してしまったとしたら、これはもう内政問題では済まない。

さらに怖いのは、インドやブラジルなど、あとに続く新興国が真似をし、「経済成長のためなら多少の環境破壊はやむをえない」と開き直りを見せるようになった場合だ。そうなると、公害を放置することが事実上の国際標準（デファクトスタンダード）になりかねず、21世紀はかなり暗い時代になってしまう。

今のところ、まだ、北京のスモッグは他人事として片付けることが可能だ。しかしこの先の動向を考えたとき、そういった危険性も孕んでいるだけに、私たちとしてはもっと関心をもつべきだと思う。そして中国の大気汚染における特殊性に目を向け、排除していく方向を模索していかなければならない。

それでは、実際にはどんな点が特殊であり、20世紀の公害問題とは違っているのだろうか。いくつかまとめてみた。

【中国の大気汚染の特殊性】

1、信頼できるのはアメリカ大使館のデータ
2、PM2・5など汚染物質の濃度が異常
3、長期化したまま改善の兆しがみえない
4、環境基準や規制があっても機能しない
5、きれいに見せたい首都の周囲がもっとも深刻

実はこれらはそれぞれ微妙に絡みながら、全体として「中国の異常な大気汚染」を引き起こ

しているのだが、それでもひとつひとつ整理して書かないとわかりにくいので、ここからは個別の項目として説明していく。

●アメリカ大使館が中国の環境報告センター?

「一部の国の在外公館が勝手に空気を観測し、しかもネットで公表するのは、ウィーン外交関係条約に違反しており、内政干渉である」

2012年6月5日、中国環境保護部の呉暁青副部長は記者会見の席でこんな発言をした。ここでいう「一部の国の在外公館」とは北京*にあるアメリカ大使館のことだ。

中国の大気汚染が広く世界中に知られるようになったきっかけのひとつは、悪化していくスモッグに危機感を抱いたアメリカの外交官が継続的に大気中のPM2・5濃度などを測定し、伝えてきたからだ。当初は参考データの収集といった軽い目的だったようだが、中国政府がいつまでも有効な対策を打ち出さないことに痺れを切らしたのか2008年春以降は公式な活動となる。そして2009年からはツイッターを使って1時間ごとの数値や汚染状況を365日24時間、リアルタイムで報告するようになった。

事実上、アメリカ政府公認のオフィシャルデータだ。それまで中国側の出してくるさまざまな統計数字に疑いを抱いていた外国メディアが真っ先に飛びついたのはいうまでもないが、やがて「北京市民ですら朝起きるとアメリカ大使館のツイッター情報をたしかめてからその日の行動を決める」とまでいわれるほどの人気になる。

しかしそうなると、おもしろくないのは中国政府だ。なにしろ、国民にすら信用されていないことを如実に示してしまったことになり、完全に面子を潰されたかっこうだ。そこで、なんとか一矢報いようとしたのが、記者会見における異例の発言である。

序章でも書いたようにアメリカは環境行政、特に大気汚染対策に関しては非常に積極的な国で、1963年には早くも大気浄化法*を制定して酸性雨の防止やオゾン層の保護に取り組み始めている。そしてPM10やPM2・5といった微小な粒子状物質に関しても世界で最初に環境基準を設け、規制を進めてきた。それに追随するかたちでヨーロッパと日本でも対策が進み、先進国においてこの問題はほぼ解決済みだ。

しかし中国は多くの環境破壊が問題になってきているというのに消極的としか思えない態度をとり続けてきただけでなく、公的に発表される大気汚染に関するデータについても「本当なのか？」と疑いたくなるものが少なくない。なにしろ、濃いスモッグが発生して街中が霞んでいるというのに軽度汚染と発表することもあるのだから、国民が信用しなくなるのも当然だろう。

この点、アメリカ大使館の公開情報は明確だ。PM2・5濃度など根拠となる数値を示しながら、「Unhealthy*（健康に悪い）」「Very Unhealthy（非常に健康に悪い）」とわかりやすい警告を行っている。このあたり、やはり長年の広報戦略で培ったノウハウもあり、中国のような新興国がそれに勝っていくのは簡単ではないようだ。

明らかに劣勢な中国政府の反論に、記者会見の場でも「それではアメリカ大使館の発表する内容が中国政府のものと異なるケースがあるのはどうしてか？」といった疑問が投げかけられた。これに対する担当官の答えは次のようなものだ。

「主な原因は、自国（アメリカ）の大気品質基準によりわが国（中国）の大気を評価しているためだ」

文字通り受けとるなら、「アメリカと中国とでは条件が違うのだから他国の基準で評価するのはお門違いだ」と、単に方法論の違いであるような印象を与えるが、もちろんそんなことはなく、この発言の奥には中国の環境汚染に関する本音が見え隠れしており、なかなか興味深

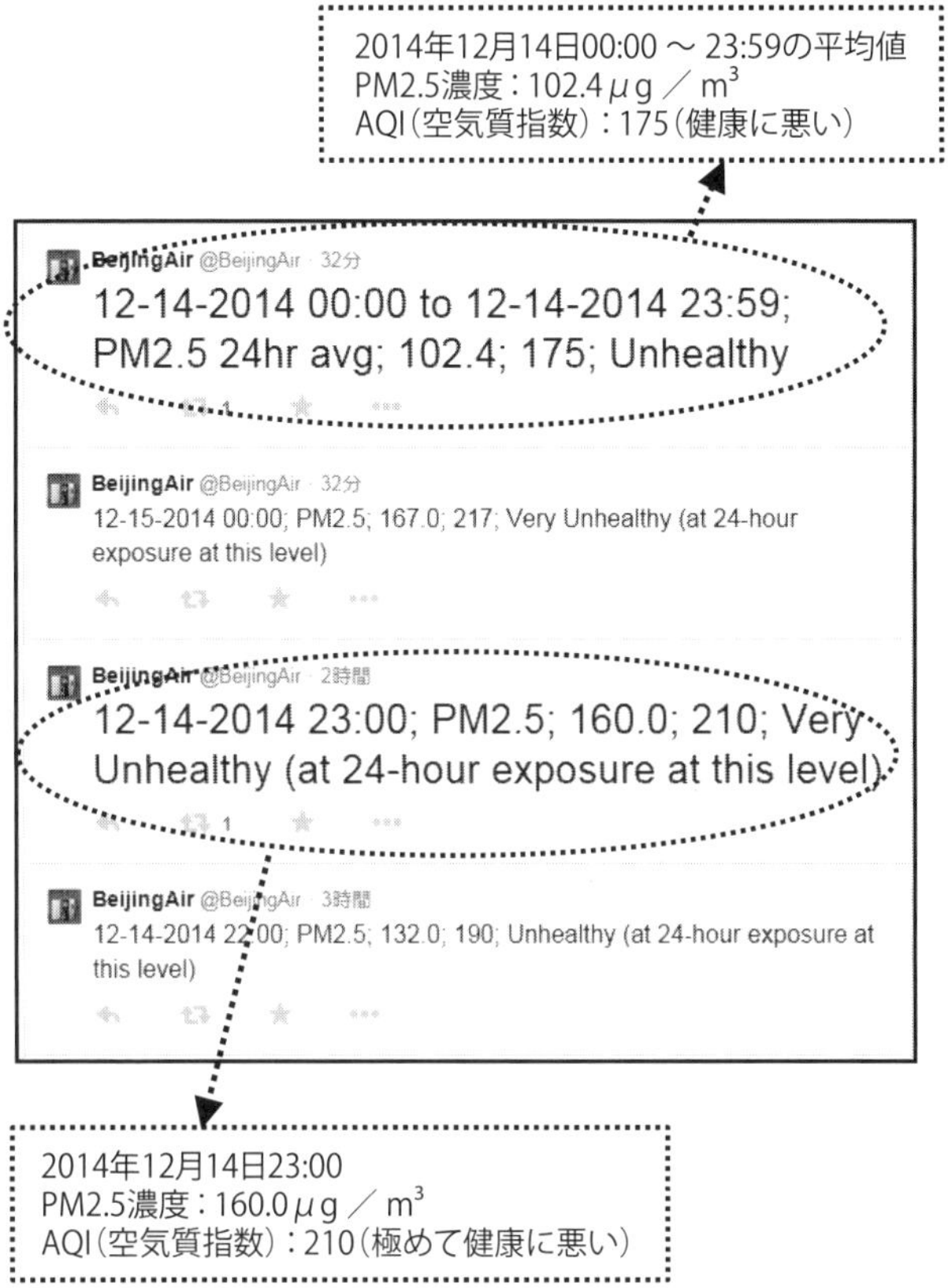

図14　在北京アメリカ大使館の大気汚染情報ツイッター「BeijingAir」

https://twitter.com/beijingair

い。しかもその内容はこの国の将来を見通すうえでも重要になってくると思うので、もう少し詳しく分析してみよう。

＊北京にあるアメリカ大使館
上海のアメリカ総領事館も２０１２年5月から大気汚染状況の測定と公表を始めている。

＊大気浄化法
この法律が１９７０年に改正され、自動車の排気ガス（本来は排ガスなのだろうが、こちらのほうが一般的なのでそのまま使う）への規制を強めたのが有名なマスキー法で（第3章参照）、正式な名称はあくまで大気浄化法（Clean Air Act）であり、主要な汚染物質すべてが対象になっている。その後、１９７７年と１９９０年にも大幅な改正がされ、厳しさを増している。２０１２年に韓国の現代自動車が燃費の過大表示をしたときにも発動されたのはこの法律で、１億ドルという巨額な制裁金を課せられた。

＊「Unhealthy（健康に悪い）」
後述するアメリカの空気質指数のカテゴリではUnhealthyの上がHazardous（危険）となり、ランキング上は最上級なのだが、２０１０年11月19日に記録的なスモッグが発生したときには思わず

「Crazy Bad」（口語訳するなら「いかれた酷さだぜ！」）という表示が出たという。さすがにこの表現はすぐに削除されたらしいが。

●同じPM2・5濃度でも米中で判定が異なる理由

大気汚染のレベルを示すとき、基本データとなるのはさまざまな汚染物質の濃度だ。たとえばアメリカではオゾン、粒子状物質（PM10とPM2・5）、一酸化炭素、二酸化硫黄、二酸化窒素の6種類について全国各地で継続的な測定を行い、結果を公表している。

しかしこれらの数値は専門的な知識がないとわかりにくい。「今日は二酸化硫黄の濃度が0・3ppmです」なんていわれても、それが健康にいいのか悪いのか、すぐに判断できる人は少ないからだ。

そこで対象となるすべての物質の濃度を総合的に判断し、全体的な汚染状況を示すガイドライン（指標）を設定する方法が各国で採用されるようになってきた。国や地域によって呼び方は違うものの、一般的にはアメリカ環境保護庁（EPA）が定めたAir Quality Index（空気質指数）という言葉で呼ばれることが多い。略称はAQIだ。*

大気汚染対策で先行するアメリカのＡＱＩ基準は非常に明確で、対象物質の濃度と指数の関係は厳密に決められている。このあたりは環境保護庁のウェブサイトにかなり詳しく説明されているので、興味のある人は調べてみるといいだろう（http://www.epa.gov/）。ただし、ヘタにこのサイトに飛ぶと、あまりにも情報量が多すぎて迷子になってしまうので注意が必要だ（もちろん全文英語）。それでも、アメリカ政府が環境情報の提供に熱心だということはわかるはずで、一度は覗く価値があると思う。

そんな膨大な情報の中から、ここでは空気質指数の各カテゴリに対応するＰＭ２・５の濃度だけを掲載しておく。ただし、実際には各物質の濃度に統計学的な計算式などを加えて最終的な指数を算出するので、右の表と左の表は完全に一致するわけではない。

一方、中国でも１９９７年から空気汚染指数（ＡＰＩ＝Air Pollution Index）という指標で汚染の程度を発表していたのだが、２０１２年にはアメリカと同じ名前の空気質指数（ＡＱＩ）に変え、内容も若干整理された。その結果、２つを並べてみると非常によく似ており、まるでコピー商品のようだ。しかし細かく見ていくと微妙に異なり、そのあたりに中国の苦しい内部事情が表れている。

注目してほしいのは「対応するＰＭ２・５濃度」の１立方メートルあたり１～１５０マイ

アメリカ

指数	カテゴリ（健康影響）	対応するPM2.5濃度（1時間値）[$\mu g/m^3$]
0 – 50	Good（良い）	0.0 – 15.4
51 – 100	Moderate（並）	15.5 – 40.4
101 – 150	Unhealthy for Sensitive Groups（敏感な人にとっては健康に悪い）	40.5 – 65.4
151 – 200	Unhealthy（健康に悪い）	65.5 – 150.4
201 – 300	Very Unhealthy（非常に健康に悪い）	150.5 – 250.4
301 – 500	Hazardous（危険）	250.5 – 500.4

中国

指数	カテゴリ	健康影響（抜粋）	対応するPM2.5濃度（1時間値）[$\mu g/m^3$]
0 – 50	1級（優）	汚染なし	0 – 35
51 – 100	2級（良）	特に敏感な人は影響の可能性	35 – 75
101 – 150	3級（軽度汚染）	敏感な人は軽度の影響	75 – 115
151 – 200	4級（中度汚染）	健康な人でも影響が出る可能性	115 – 150
201 – 300	5級（重度汚染）	健康な人でも症状が出る	150 – 250
301 – 500	6級（厳重汚染）	健康な人でも明らかな症状が出る	250 – 500

図15　米中の空気質指数の比較

クログラムの範囲だ。

たとえば、今、もし1立方メートルあたり70マイクログラムという測定値が出たとする。その場合、アメリカ基準では空気質指数は6カテゴリのうち悪いほうから数えて2つ目の「Unhealthy」となり、文字通り健康に悪い、かなり深刻な状況であることが窺える。ところが中国の基準では上から2番目の「2級（良）、非常に敏感な人は健康に影響を受ける可能性がある」となり、まだまだ大丈夫な印象だ。つまり同じ汚染度であっても軽く感じられるような設定がされているのである。

ちょっとした小細工だが、これが集計上は大きな力を発揮する。

たとえば、中国の公式発表に基づいて2013年に北京市の大気汚染がどうだったか調べてみると、約半分は1級（優）と2級（良）のあまり汚染されていないイメージの日になり、さらに3級の「一般の人にはほとんど影響はないイメージ」の日まで加えると7割近くになる（グラフ参照）。あまり実状を知らない人がこれだけをみたら、「いろいろいわれるが、北京の空はまだきれいじゃないか」と勘違いしてしまいそうだ。

もちろんそんなわけはなく、アメリカ大使館の測定値に基づくと北京市の2013年のPM2・5濃度の年間平均値は1立方メートルあたり89マイクログラムで、これはアメリカの環境基準である12マイクログラムの7・4倍というとんでもない数値になる。中国の基準35マ

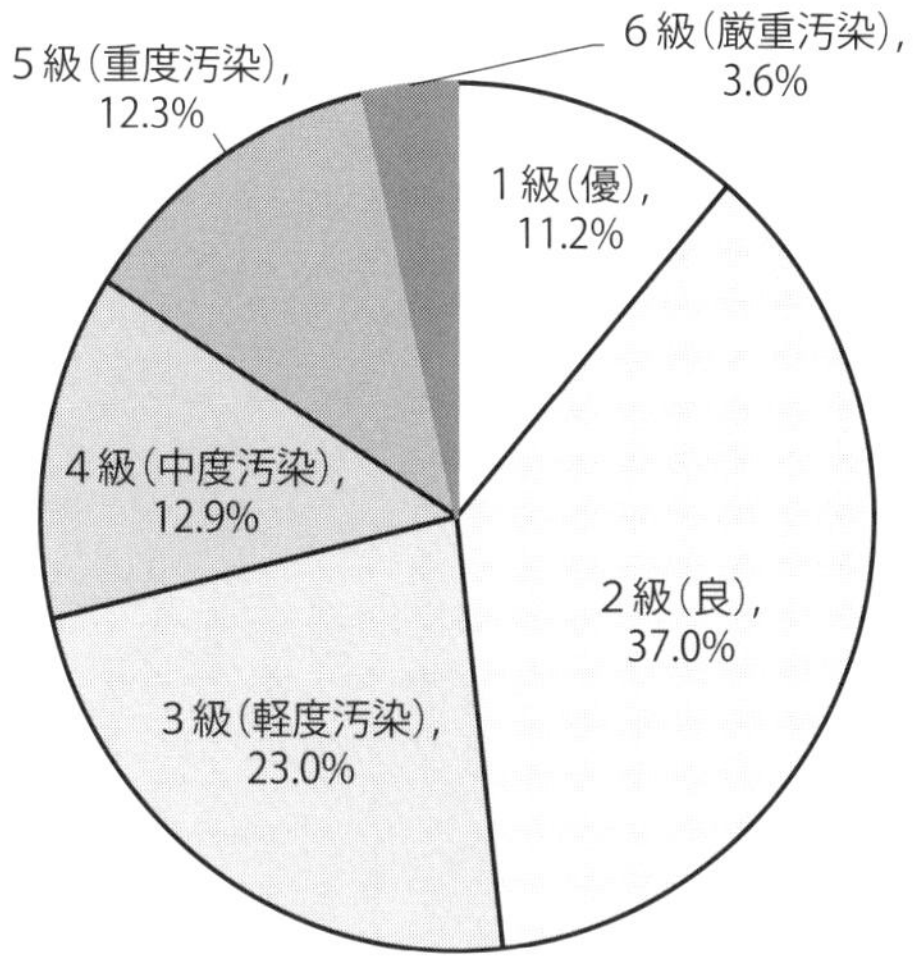

出典:「中国の大気汚染について」(在中国日本大使館)
元のデータは北京市環境保護局によるもの

図16　公式データにみる「北京の大気汚染の現状」(2013年)

イクログラムと比べても2・5倍以上であり、中国版空気質指数がいかに現実離れしているかわかるはずだ。

もちろん、2013年中もアメリカ大使館のツイッターでは「Unhealthy」が頻発されており(あたりまえだ)、工作の努力も空しく中国政府の信憑性は逆に失われていった。アメリカさえ黙っていてくれればうまく情報操作ができたかもしれないだけに、まさに目の上のたんこぶといった存在だろう。

加えて、中国の場合、指数の導

出基準となるPM2・5濃度などの基本データそのものが、どこまで正確*なのかわからないという指摘もある。測定値の段階でなんらかの恣意的な改変がされてしまえば、そこからさらに微調整が行われる空気質指数なんかまったくあてにならなくなってしまう。

そのせいなのか、現在では多くの国の公館が独自の測定をしているという。さすがにアメリカのように堂々と一般公開するケースは少ないものの、それだけ中国*政府の言動に疑いをもっている国が多いということだ。

＊各国で採用
ただし日本では空気質指数は採用せず、光化学オキシダント、硫黄酸化物、二酸化窒素、一酸化炭素、浮遊粒子状物質の5種を対象にした測定結果をもとに、必要に応じて大気汚染注意報を発令することで同じ目的を果たしている。

＊正確なのかわからない
そもそも、そういう疑いがあるからアメリカ大使館は独自の測定を始めたのだろう。

＊中国政府の言動に疑いを

官僚主義的な行政システムの中では、担当者が自分の仕事の成果を大きくみせるために「盛った」数字を報告することはよくあるようで、このため「GDPのような全国的な統計数字は何割か差し引いて考えたほうがいい」と指摘するアナリストは少なくない。したがって本書でも中国の公式データを扱うときには、その信頼性を吟味し、読者に向けてもできるだけ注意情報を提示していくことにする。

●最新データにみる中国主要都市の汚染状況

現在、北京のアメリカ大使館の発表する測定値は中国の大気汚染問題を知るうえでもっとも信頼*できる基本情報となり、世界中で活用されているほどだ。日本の環境省がウェブサイト上で発表している「PM2・5*モニタリングデータ（海外）」でもその数値を速報し、自国民への注意を促している。さらにこのサイトではグラフを使って時間ごとの推移などもわかりやすく表示できるようになっているので、関心のある人は、ぜひ、覗いてみてほしい。日本語なのでアメリカ環境保護庁のウェブサイトや大使館のツイッターより親しみやすいはずだ。

それにしても、今、たまたま確認のために環境省のページを見たら、正月明けの夜中（2015年1月4日23時）だというのに北京のPM2・5濃度は1立方メートルあたり

321マイクログラムと、ものすごい数字になっていて驚いた（1時間平均値）。上海でも122マイクログラムで、公開されている5都市がすべて日米の環境基準どころか中国の基準である75マイクログラム（1日平均値）を余裕で超えているというのはどういうことなのだろうか？　もう一度いうが、これは深夜の濃度である。

瞬間値だけをみて全体の動向を判断してはいけないと思うので、モニタリングデータによる北京と上海の2014年のPM2・5濃度推移を掲載しておこう。比較がしやすいように縦軸の上限値を揃えたので上海はかなり低いように思えるが、それでも日米の基準値からいえばほとんどの日が危険領域だ。そして北京については異常だとしかいいようがない。1～2月あたりの最大450マイクログラムというのは中国の空気汚染指数にあてはめても「健康な人でも明らかな症状が出る」レベルで（しかもほぼ上限に近い）、民主主義国家だったら完全に政権交代に発展するケースだ。

しかも、いまだに改善の兆しはほとんど見えていない。

筆者が北京の夜中のPM2・5濃度の高さに驚いたその日、北京市環境保護局は市内の大気汚染レベルが2014年にはやや改善したと発表した。ロイター通信の報道によると、2013年に比べて次のような成果があったという。

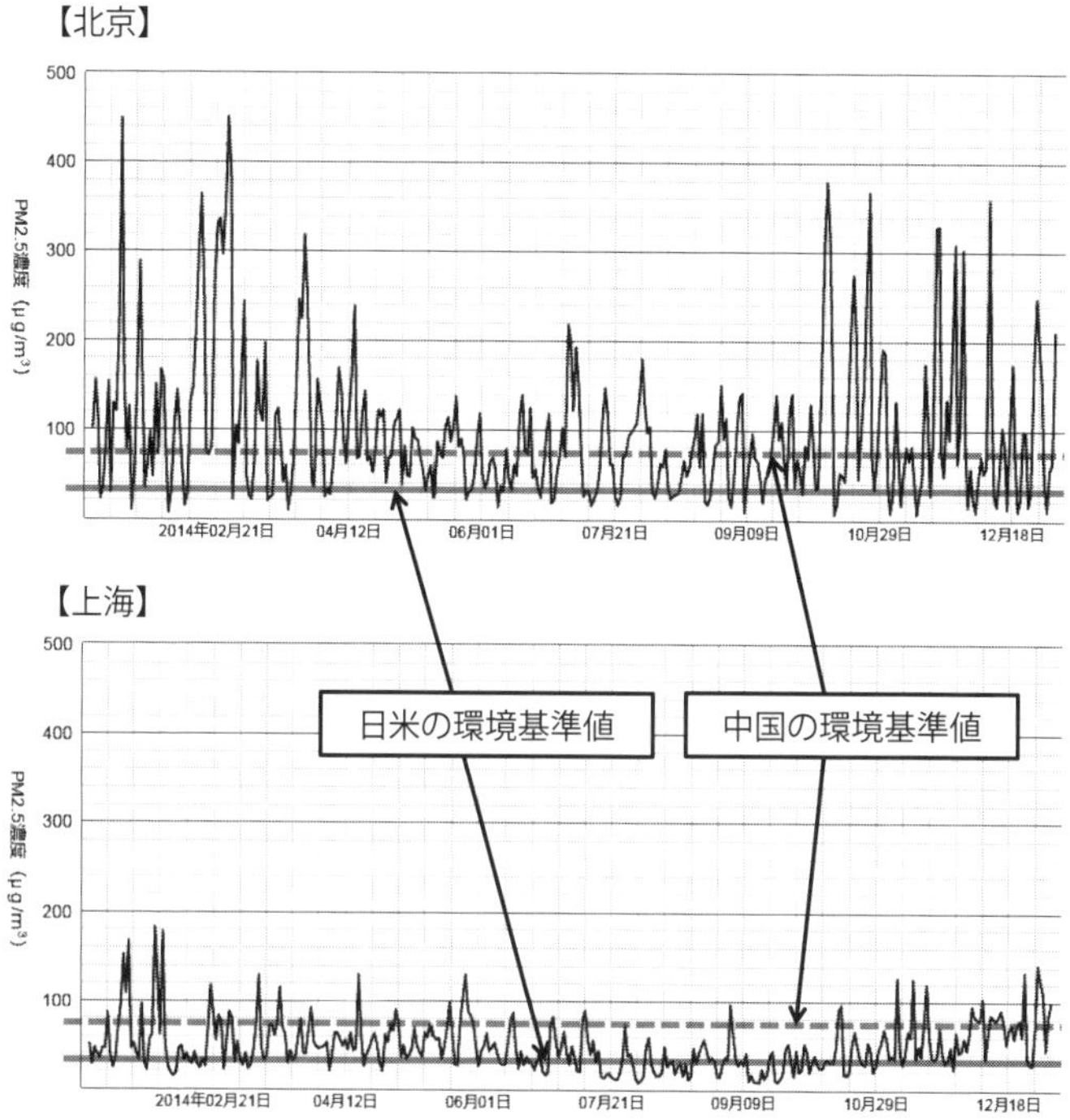

「PM2.5モニタリングデータ（海外）」環境省の資料に基準値を加筆
※元になったデータは在中国米国大使館によるもの

図17　北京と上海のPM2.5濃度（2014年の１日平均値の推移）

【北京市における2013年から2014年への濃度の変化】

PM2・5：4％低下

二酸化硫黄：17・7％低下

これだけをみるとそれなりに努力をしたように思えるが、実際には2014年の北京市のPM2・5濃度の平均値はまだ85・9マイクログラムあり、前年の89マイクログラム（アメリカ大使館の測定値）との差はごくわずかである。このくらいはちょっとした気象条件の違いでも現れる変化であり、それほど強気に喧伝できる成果ではないだろう。そのせいか、記事のタイトルに「やや改善」と入れたロイターに対し、同じ内容を報じたNHKでは「北京のPM2・5大気汚染　深刻な状況続く」と厳しい評価を下している。

しかも、このときのロイターの報道は実は誤報だったのではないかという落ちが付く。ロイター電は他の汚染物質についても言及していて、PM10は7・1％低下し、二酸化窒素も1・3％低下したと紹介した。だから「やや改善」なのだろうが、NHKの報道を詳しく読むと、「呼吸器系の病気の原因になりうるPM10と呼ばれる有害物質は7・1％上昇しました」とまったく逆のことが書いてある。つまり減少どころか増えているのである。

気になって別の報道も調べてみると、二酸化窒素濃度も1・3%も増加だったという報告があり（チャイナネット2015年1月5日）、真相は謎のままだ。

今のところ、どちらが正しいのか結論は出せないのだが、ただ、次のような推測は成り立つと思う。

中国共産党中央委員会の機関紙である「人民日報」の日本語版をみたところ、PM2・5については「*2013年に比べて4%下がった」と記載しているものの、他の3物質については言及を避け、なぜか2010年に比べて2013年は4種類の汚染物質のすべてが減少したといった思い出話につなげている。ということは、やはりPM10と二酸化窒素の濃度は減*っていないのではないだろうか。もし、少しでもマイナスになっていれば自分たちの手柄になるのだから、「人民日報」のような公式メディアが見逃すはずはない。

さらに奇妙なのは、「人民日報」は、ロイターが減少と報じた二酸化硫黄に関して何も説明していない点だ。17・7%低下が事実なら大成功なのに、まったく自慢していない。二酸化硫黄はPM2・5よりも環境や人体への影響が大きい危険物質なので、そのあたりの情報がまったくカットされているところにも、何か裏があるように思える。

それにしても、天下のロイターともあろうものが、どうしてこんな怪しい記事を流してしまったのか？

想像するに、彼らが配信すれば世界中のメディアで報道されることから、それを見込んでなんらかの情報操作の対象にされたのではないだろうか。たとえば記者に発表内容を伝えるときに、「嘘ではないが誤解しやすい方法」*を使ったとか。こういったことは公権力がマスコミを利用した宣伝活動をするときにはありえない話ではないので、ふと考えてしまった。

ただ、どんな裏事情があったにせよ、２０１４年も大気汚染対策は遅々として進んでいないように感じる。なぜなら、ロイター電を受けた各メディアの続報でも、中国政府の取り組みを評価するような論調は見られないからだ。

それでも、この年は２０１３年のような大事件が起きなかっただけでもよかったのかもしれない。

＊信頼できる基本情報
考えてみれば、他国、しかも中国のようなうるさい国の首都で外国の公館が大気汚染状況を発表するからには、いろいろ突っ込まれないように科学的に正確なデータであることが絶対条件だ。みんなも

そのことはわかっているから、より信頼する。そんな「いい循環」によってツイッターの人気が高まっていったように思う。

＊PM2・5モニタリングデータ（海外）
海外といいながら対象となっているのは北京、成都、広州、上海、瀋陽の中国の5都市のみ。やはり「PM2・5モニタリングデータ（中国）」とするのは外交上まずいのか？
http://www2.env.go.jp/pm25monitoring/index.html

＊2013年に比べて4％下がった
重箱の隅をつつくようで申し訳ないが、発表された85・9マイクログラムという2014年のPM2・5濃度も、まるでバーゲンセールの値札を見ているようで、なかなか味のある数字だと思う。そこのあたりを無粋な外国メディアは平気で四捨五入して約86マイクログラムなどと書いてしまいがちなのだが、もちろん「人民日報」は最後まで85・9と小数点以下にこだわる。また2013年の数値89・5マイクログラムも、なぜかアメリカ大使館の測定値より多めになっていて、その結果、4パーセントの削減となる。「89→86」では約3・4パーセント減にしかならないので、このあたりの細かい努力にも目を向けてあげたい。

＊減っていないのではないか

微妙な表現でもうしわけないが、もともとのデータがあいまいなので増加と決めつけることもできない。もし本当にPM10が7パーセント以上も増えていたらかなりやばいし、それなのにPM2・5だけ減っているなんていう現象は、不思議としかいいようがない。

＊嘘ではないが誤解しやすい方法

たとえば「Aは11パーセント上昇、Bは4パーセント、Cは27……。あ、Cだけは下降ですね」と言いながら最後のほうは声を小さくするとか、最初はわざとまちがえたリリースをわたして通信社の記者が部屋を出てから訂正情報を流すとか（通信社のほうが新聞やテレビより締め切りが早い）。

●PM2・5濃度が測定不能になるほどのスモッグ

中国の大気汚染における特殊性として次に指摘したいのは異常ともいえる濃度の高さだ。その象徴ともいえる事件が2013年中にいくつか起きた。

まず1月12日には北京で1立方メートルあたり700マイクログラムのPM2・5濃度を記録する。中国基準で「厳重汚染」に認められる数値の2倍という恐ろしさだ。

さらに10月には黒竜江省の省都ハルビンで1000マイクログラムを超え、測定不能な状態

図18　ハルビンの大気汚染（2013年10月21日）

PM2.5が1000μgを超え測定不可能になったときの中国ハルビンの様子。ニュース映像のキャプチャなのでわかりにくいが、後方の人は10メートルほどしか離れていないのに、ほとんど見えていない。このため、信号機も確認できず、警官が手信号で交通整理をしたほどだという。

が続いた。その他、ほぼ全土において200マイクログラムとか300マイクログラムといったものすごい数値が日常的に報告されている。

1立方メートルあたり1000マイクログラムのPM2・5とはどんな状況なのだろうか。気になる人はユーチューブで「ハルビン　大気汚染」と検索すると現地のニュース映像が見つかるので、自分の目で確認してほしい。参考のためにキャプチャ画像を掲載しておいた。奥行きのあるシーンを選んだので、10メートル先も見えない様子がわかるはずだ。当然、高速道路などはすべて閉鎖されている。

さすがにこの段階まで来ると中国政府も情報操作をあきらめたのか、そのまま隠さずに報道されているのだが、それでは、その後、どんな対策をとったのかといえば、「地元の共産党・行政機関では、工場の排出ガスに監視を強めたほか、収穫を終えた農地での焼却作業をやめるよう指導に乗り出した」（産経ニュース2013年10月21日）という程度で、かなりのんびりしている。正直、今さら監視を強めてもしょうがないような気がするのだが、それが中国という国なのだろう。

そういえば、このような深刻な大気汚染にどう対処するかというテーマで中国人がインターネット上に書き込んだ内容を紹介するニュースがあった。「ジョギングやサッカーなど激しい運動を避ける」「マスクをする」「高齢者や子ども、妊婦、心臓や呼吸器に病気を持つ人などはできるだけ外出しない」というあたりはいいとしても（マスクは必ずしも有効とはいえないが）、「窓を閉めても通気は確保する」は外気が入ってくる限りＰＭ２・５の侵入を防げないのであまりいい対策にはならないし、「呼吸器への影響を少なくするため、果物や肺をきれいにする作用があるとされる猪血（豚の血を固めた食品）、ブタのレバー、緑豆湯（緑豆のスープ）などを多く食べることも有効」というのはどうなのだろう。そういう現実離れしたオカルト*やファンタジーに走る国民性は、皇帝が支配していた時代とあまり変わっていないように思える。

中国では、硫黄酸化物や窒素酸化物の排出規制についても厳格に守られているとは思えず、これだけのスモッグが発生するということはロンドンの事件と同様に相当な量の亜硫酸ガスが滞留していたはずだ。公式発表はされていないものの、それによる健康被害もかなりあったのではないかと、個人的には心配している。

＊オカルトやファンタジーに走る国民性
もっとも、中国国民にとってはどんなに環境政策の遅れがあったとしてもそれに対する不満を行政に反映できないのだから（選挙はあっても投票対象は共産党とその衛星党の候補者しかいない）、このような方法で「改善」を目指すしかないのだろう。

コラム 北京マラソンにみる中国の不思議

大気汚染に伴う中国の特殊性をいくつかみてきたが、そのなかでもそんな感覚をはるかに超えて異常とさえ思えたのが、2014年10月19日に開催された北京国際マラソン大会だ。その日の様子は「市内はスモッグに白く覆われ、数百メートル先のビルがかすんで見えた」（産経ニュース）ほど。アメリカ大使館発表の空気質指数は400台で、これは「Very Unhealthy（非常に健康に悪い）」の上の「Hazardous（危険）」レベル。つまり外を出歩くだけでも健康に害が及ぶかもしれないというのに、その中を3万人もの参加者が走ったのだから驚きである。

本来ならこんな大会など中止させ、そういう事態になるまで放置した政府や市当局の責任を追及するべきなのに、ニュース映像で確認した限り、市民たちにそれほど厳しい表情は見えない。なかには「マスクをしているので大丈夫です」とニコニコ顔でインタビューに答えたり、ガスマスクまでしている人がいて、愕然としてしまった。その呑気さにはもちろん、医学的な知識のなさについてもである。

走るという運動は人間にとってかなりの肉体的負担を伴うものだ。だから長時間続けられないし、その間も心肺機能を最大限に発揮してできるだけ多くの酸素を吸い込もうとする。それだけでも相当な負担だ。

そんな状況でマスクなどをして鼻や口を覆ったら、不足する酸素を補おうと肺は呼吸回数を増やすし、心臓は血流を速めようとする。それを長く続けていれば、大気汚染に関係なく健康障害が起きるか、死に至る危険性さえある。

といってマスクすらしなかったら、走行中の深い呼吸によって、ただでさえ肺の奥に届きやすいPM2・5を思い切り吸い込んでしまうのだから、どっちにしろ危ない。ちなみに走っているときの酸素消費量はざっくりいって歩いているときの2倍ほどなので、ランナーたちにとってこの日の汚染物質濃度は測定値より2倍悪いのと同じである。

もし先進国でこんなマラソン大会が強行されたら大きな社会問題になるはずで、やはり今の中国は国民の意識も含めての特殊な環境意識をもっていると思わざるをえない。

参考URL

『ガスマスク着用で鼻呼吸!今年の北京マラソンは命懸けでした』

http://matome.naver.jp/odai/2141369862007348201

●中国の大気汚染が長期化している理由

これほどひどい中国の大気汚染は、いったいいつごろから始まったのだろうか？　政府発表の測定値などはどこまで信用していいかわからないので、ここでは別の方法で推論していきたい。

工場や自動車から出る大気汚染の素は、基本的には経済規模に比例して発生量が増えていく。したがって国民総生産（ＧＤＰ）の推移を見ればだいたいの様子はわかるはずだ。

もちろんＧＤＰの数値にも粉飾はあるかもしれないが、それでも「できるだけ低く見せたい」汚染物質の濃度とは逆のベクトルが働くので、最大予測値として考えれば利用価値はある。つまり「高く見積もりたい」データで「低く見積もりたい」汚染の状況を類推することにより、落としどころを見つけていこうというやり方である。

中国経済の急成長は、鄧小平が改革・開放路線を打ち出した１９７８年から始まる。ただし１９８０年代の段階では成長率は高いものの全体的な経済規模はまだ小さかったので、環境汚染はそれほど目立っていないように思う。本当はこの時期から*有効な対策を進めておけば、今、こんなに苦しまなくてもよかったのだが、初めての市場経済導入に国民みんなが舞いあがっていた状態だったので、とてもそんな発想は出なかっただろう。

しかし１９９０年代に入ると「急成長の歪み」ともいえる現象があちこちに出始めてきたはずだ。なぜなら、経済規模は最終的に１９８０年代半ばの4倍近くまで拡大し、あらゆるものが無理を強いられていたに違いないからだ。たとえば、なかなか拡張が進まない道路に4倍の台数の自動車が入り込めば事故が多発するし、役所の事務処理能力が追いつかず許認可の遅れ

単位: 10億USドル

〈実質GDP〉

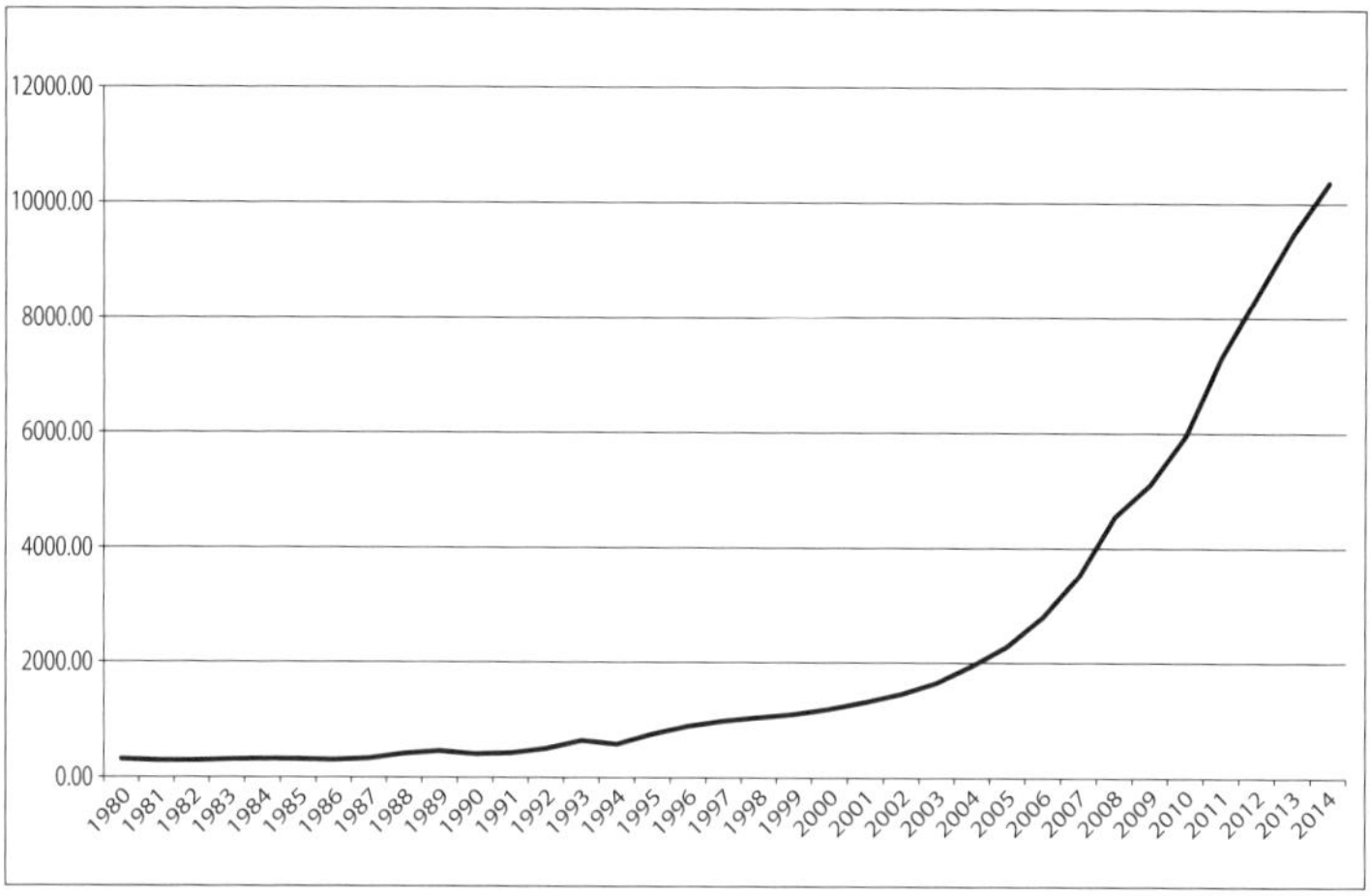

SNA(国民経済計算マニュアル)に基づいたデータ
2014年はIMFによる10月時点の推計値

〈経済成長率〉

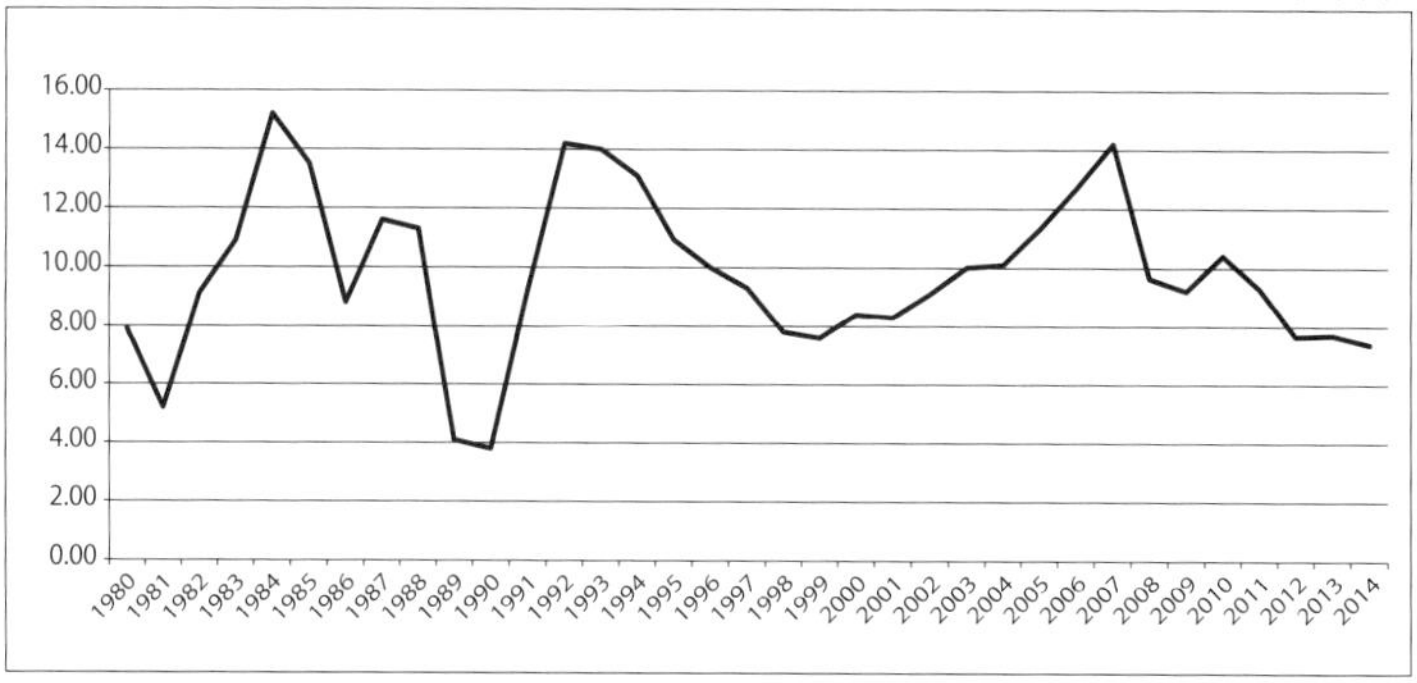

図19　中国の実質GDPと経済成長率の推移

が生じれば賄賂が横行する。そして大気汚染についても同じで、おそらくこのあたりが日本や欧米における1960年代の公害レベルに相当するのではないかと想像できる。実際、政府の公式発表はなくても、中国各地で環境汚染による健康被害が生じているという報告が寄せられ始めたのも、この時期だからだ。

日米欧も1960年代は環境問題とどう向きあっていけばいいか、なかなか方針が立たず、公害病などを放置し続けた結果、多くの惨劇を招いた。しかしそんな反省から徐々に対策が進み、1970〜1980年代を通じて大気汚染だけでなく多くの環境破壊を食い止めていった。

そして1990年代以降は持続性社会の実現に向けて恒久的に環境問題を捉えていこうという政策方針が明確に決まる。つまり公害が起きてから対症療法的に動くのではなく、予防医学的な取り組みが始まるのもこのころからだ。このため、PM2・5など新たに注目され始めた汚染物質についても、すばやい対応ができたのである。

一方、中国は1990年代から公害問題が起きていたはずなのに、20[*]年近く経った今でも解決されないどころか改善の兆しさえ見えない。大気汚染はほぼ横ばいかもしれないが、水質汚染などはますます悪化しているほどだ。

もちろん、政府もなんらかの対策を考え、実行していると信じているが、それを上回る勢いで経済規模が拡大し、追いつけないというのが実状だろう。改めてGDP推移のグラフをみても、2004年あたりからの上昇カーブは異常であり、政治的に対応できる域を超えている。急成長が始まってから最近までの中国社会の変化をわかりやすくするために、インフラストラクチャーの整備状況と経済規模の比較をしてみたい。

中国におけるインフラ整備の動向を示すデータとして目安になるのが国内の鉄道貨物輸送量だ。広い国土をもちながら道路網が未発達のこの国では鉄道による貨物輸送が経済を支える大動脈であることから、国力を正確に判断するときの基礎データに使われることもある。

それによると、1985年には13億4000万トンの貨物を鉄道輸送しているのに対し、2010年は39億3700万トンと約3倍になっている。鉄道網の増強には多くの時間と労力が必要なので、25年という期間を考えれば、むしろ「よくがんばった」と褒めてあげたいほどだ。

ところが、経済の実態は明らかにそれを超えている。2010年の実質GDPは約5兆9500億ドルで、これは1985年の約3130億ドルと比べると約20倍の規模になる。要するに3倍しか大きくなっていない箱に20倍もの中味を詰め込もうとしているのだから、余裕がないどころか、ヘタをすると箱が壊れてしまう。そんな状態で問題なく社会が成り立つわけはない。

しかもそこで終わりではなく、２０１４年の経済規模は１９８５年の30倍を超えている。この間、当然ながら設備投資は鉄道網の拡充などに優先的に使われているはずで、公害防止装置などの環境インフラの導入が真剣に行われていたとは思えず、必然的に環境破壊も進んでいくのである。

＊有効な対策を進めておけば
先進国ではすでに公害問題を解決しつつあった時期なので、その技術やノウハウを導入するチャンスは充分にあったはずだ。

＊20年近く経った今でも
日米欧の先進国から約30年遅れで公害問題が起きたとすれば、今の中国は日本の１９８０年代半ばに相当する。「もし、そのころ東京で町が霞むほどのスモッグが頻発していたら……」と考えれば、この国の特殊性が実感できるはずだ。

●なかなか進まない自動車の排気ガス対策

次に大気汚染に絞って、解決がなかなか進まない現状を考えていこう。

最初に紹介するのは北京市の環境保護局が発表したPM2・5の発生源別の比率だ。大気中の濃度や全体的な汚染状況を示すデータではないので粉飾や修正は少ないと考え、信用することにした。他にも北京市環保監測センターや北京大学、中国環境科学院など複数の研究機関が共同で調査した結果とのことなので、たぶん大丈夫だろう。

データによると、北京市で観測されるPM2・5の発生源は量的にみると自動車、石炭燃焼、工場生産の順で、この3つだけで全体の7割以上を占める。石炭燃焼というのは大半が火力発電所からのものと思われ、家庭などが発生源となったものは「その他」に含まれるようだ。

もうひとつ、同時に発表された「北京のPM2・5の主要成分」についても掲載しておく。有機物は燃料の燃えかすや煙など煤塵のことだが、大気汚染物質としてはより危険な窒素酸化物や硫黄酸化物から発生する硝酸塩と硫酸塩が大量に含まれているのは、やはり中国の大気汚染対策が先進国よりもかなり遅れている証拠だろう。

大気汚染の最大の原因である自動車について日本と比較すると、神奈川県の調査結果をみればわかるように（31ページ）、日本では都市部においても自動車の排気から発生するＰＭ２・５の比率は9～16パーセントと低いのが特徴だ。量の比較でいえばおそらく中国の10分の１以下で、それだけ環境対策が徹底している証拠だろう。

ちなみに自動車*（四輪車）の保有台数は日本が約７９００万台なのに対して中国は約１億２０００万台と一・五倍（２０１２年）。国土面積の違いを考えれば中国のほうが自動車密度ははるかに低いはずで、それでもいまだに自動車由来のＰＭ２・５が大きな比率を見せるということは、１台あたりの汚染物質の排出量が桁違いに多いからだ。

それには３つの理由が考えられる。

【中国で自動車による大気汚染が深刻な理由】

１、新車の排気ガス対策が進んでいない。
２、整備不良の自動車が多く走っている。
３、粗悪な燃料が大量に使用されている。

これらのうち１については、たしかに昔は性能の低い製品を生産していたものの、これから

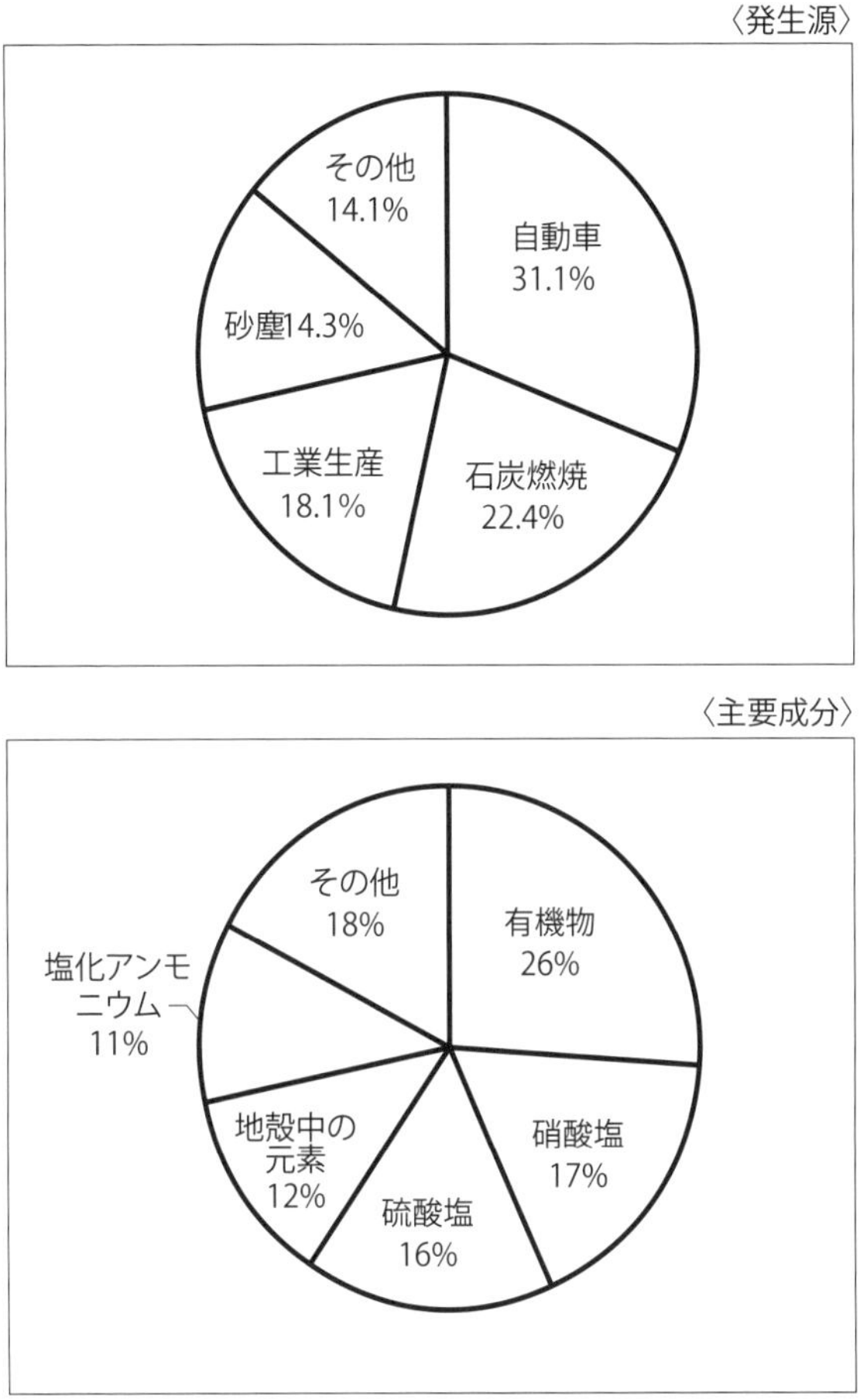

北京市環保局発表（2014年10月30日）

図20　北京のPM2.5汚染の発生源と主要成分

は国外への輸出も増やしていきたいはずなので、新しい車種については国際的な基準に則った排気ガス浄化装置が付けられていくだろう。となると、今後も問題になってくるのは2と3である。

整備についていえば、中国でも日本のような車検制度が存在する。道路交通安全法では自家用車などは「車両登録から6年以内は2年ごとに1回」「6年以上は年に1回」「15年以上は6カ月に1回」「20年以上で3カ月に1回」の頻度で検査を義務づけており、古い車種については日本より厳しいくらいだ。

実際に現地で車検を受けた人のレポートによると、公的な検査場に自分で自動車をもち込むスタイルで検査が行われ、排気ガスに関しても厳密に測定されたという。したがって、制度がしっかり運用されていれば整備不良のクルマは少なくなり、自動車由来の汚染物質は、年々、減っていく想定になる。

ところが、この国ではよくあるように、車検に関しても「コネを使うか、追加料金を払えば無条件でパスできる」といった噂があとを絶たない。検査人への賄賂は数百元、つまり2000円～2万円で済むそうだから、整備コストに比べればはるかに格安だ。さらに違法に車検を通す専門ブローカーまでいるそうで、やはり先進国とは事情が異なる。その結果、整備不良やスペック不足の自動車が大量に走り、汚染物質を撒き散らすのである。

そして、3の燃料の問題はもっと重大だ。中国で売られているガソリンや軽油は精製度が低く、煤塵を発生しやすいうえ硫黄分も多く含まれているという。

これについても車検制度同様、すでに厳格なルールが制定されており、「ガソリンも軽油もヨーロッパのEURO規格に相当する基準で品質管理を行っているから問題はない」というのが中国政府の常套句だ。それにもかかわらず、「中国国内のガソリンの二酸化硫黄濃度は香港のものの50倍近くある」といった報道が絶えないのはどうしてなのだろうか。

この問題に関しては、日本の石油エネルギー技術センター（JPEC）が2013年9月に発表したレポート「中国の自動車用燃料品質規格の現状」が参考になると思うので、その要旨をまとめておく。

【中国の自動車燃料に関する問題点】

1、規格の策定は専門家が行うが、決定に際して共産党や中央政府は影響力をもち、政治的見地から決定されることがある。遵守についても監督当局や当事者が厳格に対応しない場合は少なくない。

2、中国のエネルギー産業は少数の大手国営会社が支配しており、政策や法規制の策定・施行に大きな力をもっている。

3、中国の石油製品価格は中央政府によって決められるが、政策的な意図から低く抑えられ、品質向上のための精製コスト上昇を受け入れにくい。

4、市場の改革開放によって生まれた小規模な石油精製会社は設備的に問題があるが、地方政府や消費者の支援を得て低品質・低価格の製品を販売し続けている。

5、中国の国産石油は硫黄分が低かったが、輸入依存度が高まり硫黄分の高い中東原油が大量に入ってきたことで精製設備が対応できていない。

つまり、厳格な規格を設けても、それが充分に守られているとはいえないというのである。これらの問題点のうち4番目までは官僚や事業者のモラルの話なので、さほどコストをかけなくても解決の方法はあるのだが、それが進まないところに今の中国の苦悩がある。そして5番目の問題点についてはインフラにかかわることなので、すぐには解決できない。このあたりをもう少し詳しく解説しておこう。

中国は現在でも年間2億トンほどの原油を生産し、この数字はサウジアラビア、ロシア、アメリカに続く世界第4位なのだが、そんな資源国としての地位を支えてきたのが1959年に発見された黒竜江省の大慶油田だった。中国ではそれまで石油のほぼ全量を輸入に頼っていただけに、「大慶油田がなければ戦後の中国*の歴史は変わっていた」とまでいわれる重要な存在だ。その後のエネルギー需要のかなりの部分を支えていたといっても過言ではないほど豊富な産油量を誇った。

ところで、石油（原油）は硫黄化合物の含有率によって大きく2つに分けられる。濃度が高いものがサワーで、低いものがスイートだ。

大慶油田の原油はスイート種の代表で、硫黄を0・08パーセントしか含まない。一般的には硫黄含有量が1パーセント以下であればスイート原油に分類されるから、その基準の10分の1以下というクリアな石油なのである。当然、精製施設の性能が、多少、低くても質のいい燃料が生産できる。

しかし、その後の石油消費量の激増によって大慶油田をはじめとする中国国内の油田は余力を失い、生産量は頭打ちになっていった。このため現在では約6割を輸入に頼っているのだが、その半分は中東産のものだ。問題なのは、中東原油の多くは硫黄分の多いサワー種であるということで、国内産のものとは精製の設備や技術が変わってくる。

もちろん、中国政府も中東原油への切り替えに伴って精製設備の更新は進めているようだが、先ほどの交通インフラと経済規模のあいだに生じる大きな差と同じで間に合わず、旧設備でそのまま生産している燃料も相当量ありそうだ。そしてそれを使い続ける限り、自動車からのPM2・5は減らないのである。

＊自動車（四輪車）の保有台数
日中の比較でいえば、乗用車はそれぞれ約5900万台と約5200万台でそれほど大きな差はない。違うのはトラック・バスで、それぞれ約1700万台、約5700万台と3倍以上の開きがある。排気量も乗用車より大きいだけに、このあたりが大気汚染物質の排出量の差に通じる一因に思える。

＊原文は掲載されているサイトを参考に
『中国の自動車用燃料品質規格の現状』／JPECレポート／2013.9.26／石油エネルギー技術センター／http://www.pecj.or.jp/japanese/minireport/pdf/H25_2013/2013-015.pdf

＊中国の歴史は変わっていた

ロシアも世界最大の産油国なので、ソビエト連邦にしろ中華人民共和国にしろ共産党政権の大国はイデオロギーよりも石油の生み出す富によって支えられていたことが想像できる。

●石炭を大量利用しなければならない中国の事情

北京における大気汚染の原因として自動車に次いで多いとされるのが石炭の燃焼によるものだ。実際にはこちらのほうが深刻であり、中国政府は大気汚染対策を求められるたびに「石炭の使用を減らす」と宣言するのがお決まりなのだが、なかなか思う通りにはいかない。なぜなら、中国という大きな車輪を回しているのは石油ではなく石炭であり、その消費量を減らすということは経済活動のアクセルを緩めるのと同じだからだ。

そのことをわかってもらうために次のグラフを見てほしい。これは石炭と石油の消費量を比べやすくするため、燃焼させたときに発生する熱量単位に統一したものだ。

先ほど、中国で石油の消費が急増したといった話をしたが、石炭は完全にそれを上回っている。それどころか、2003年以降は引き離し、ぶっちぎりの状態になっているほどだ。2013年でいえば石炭は石油の3・5倍以上使われている。

このグラフを子細にみていくと、興味深いのは1990年代の後半に石炭消費量が伸び悩んでいるところだ。おそらくこの間、中国では石炭から石油へのエネルギーシフトが画策されたのだと思う。

歴史を振り返ると、経済が拡大し、国家が成長していく過程においてエネルギーの主役は交代していく。代表的な例が18世紀半ばから19世紀にかけての産業革命で、それまで薪や木炭で済んでいた燃料が足りなくなり、石炭へのシフトは一気に進んだ。

次の大きな転換期が20世紀に入ってからの石油へのシフトで、このころガソリン自動車が徐々に普及するようになり、石油の需要が増えていく。石油は石炭に比べれば精製の手間がかかり、火が付きやすいので管理も面倒だが、技術が確立してしまえば非常に便利な燃料に生まれ変わる。たとえば輸送するにも石炭のように船や鉄道、トラックが必須ではなく、パイプラインによるハンドリングが可能だ。また化学工業の原料としても多様に利用できるうえ、ガソリンや灯油にする段階で硫黄分も、ある程度、除去できるので、大量の硫黄酸化物が出る石炭よりクリーンな燃料だといえる。

その後、オイルショックによって石油の供給に不安が生じると、石炭や天然ガス、さらには原子力などを加えた多様なエネルギー源の時代を迎えるのだが、それでも今も石油がエネルギーの主役であることには変わりがない。なぜなら石炭や天然ガスの価格変動はそれほど大き

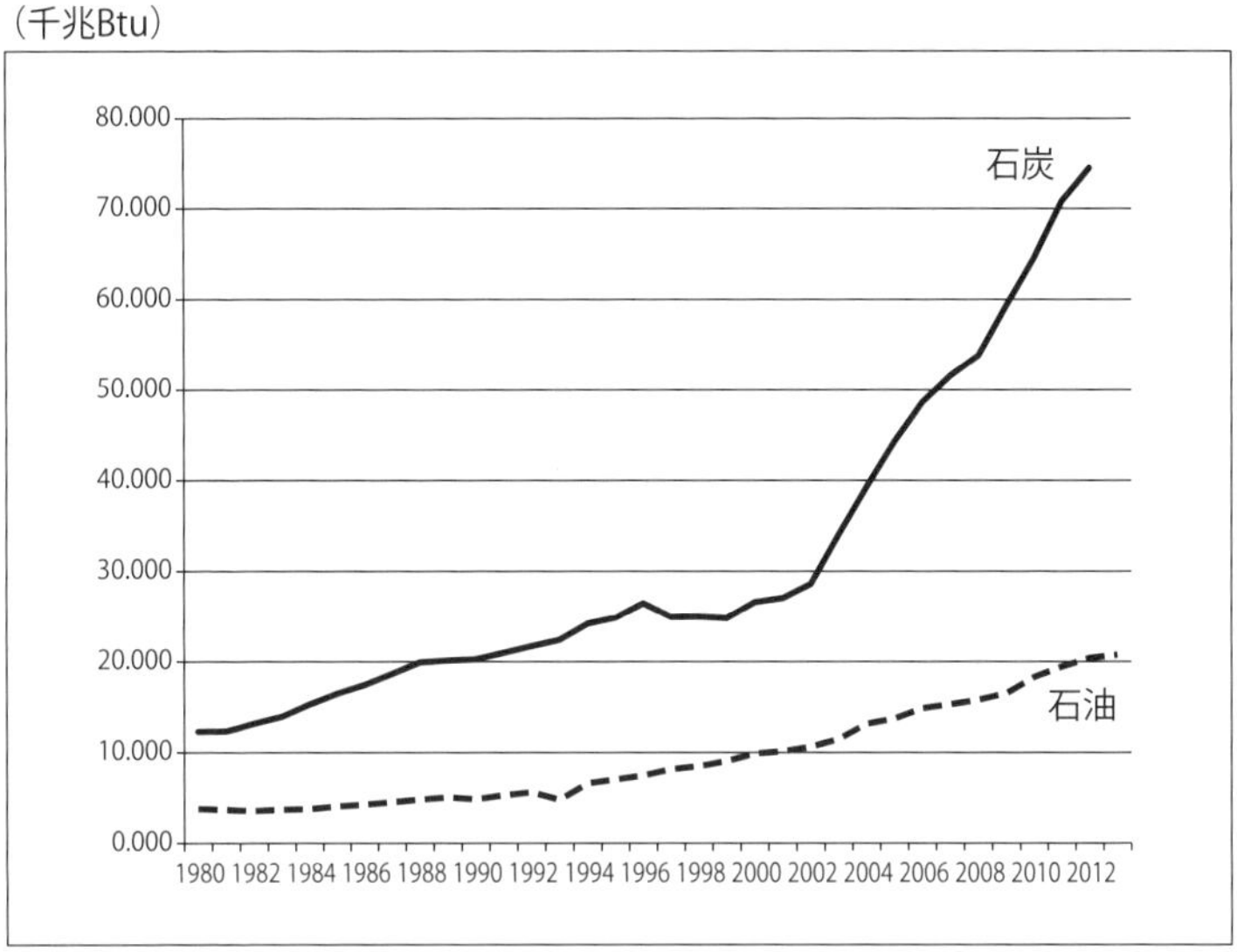

アメリカエネルギー情報局（EIA）のデータを基に作成
http://www.eia.gov/cfapps/ipdbproject/IEDIndex3.cfm?tid=5&pid=53&aid=1

図21　中国の石炭および石油消費量の推移

なニュースにならないが、原油価格の上下は新聞のトップを飾ることすらある重要事項だからだ。

アメリカ、ヨーロッパ、そして日本では20世紀前半のうちに石油へのシフトをほぼ終え、さらに1970年代以降は多様なエネルギー源に対応できるインフラを整備していった。日本で1960年代に多くの炭鉱が閉山されたのは、そんな歴史の一場面である。

そして中国でも1990年代には同じような動きは起きていたと思われる。石炭の消費量（＝生産量）が伸びなくなり、石油が増えているからだ。おそらく、このころから都市部や工業地域で二酸化硫黄などによる大気汚染が問題になり始めたためだろう。また、増え続ける自動車や、化学工業の振興などもあって石炭から石油への大転換が求められていたと考えられる。

ところがそれに急ブレーキをかけたのが２０００年代に入ってからの原油価格の上昇だった。とくに２００３年あたりからの記録的な高騰は原油を輸入に頼り始めていた中国にとっては大きな痛手になったはずだ。

そこで急遽、方針を転換し、再び石炭に頼るようになった。*国内炭の資源量は豊富なので、人件費を投入すればいくらでも生産量を増やせる。つまり中国にとって石炭は「環境には厳しいが経済にはやさしい」燃料なのである。

話は少し脱線するが、中国は早くから電気自動車の開発や導入に熱心で、そんな情報を得た日本人の中には「さすがに成長著しい国は新しい挑戦に積極的だ」と、自分たちの国より進歩的だといった発言をする人が少なくなかった。しかし実状をいえば、中国は石油にあまり頼りたくないから石炭でつくった電気を自動車にも使おうと考えただけで、かなりうしろ向きの理由だったのである（もっとも技術的な問題などもあり、その後、電気自動車が普及したという話はあまり聞かない）。

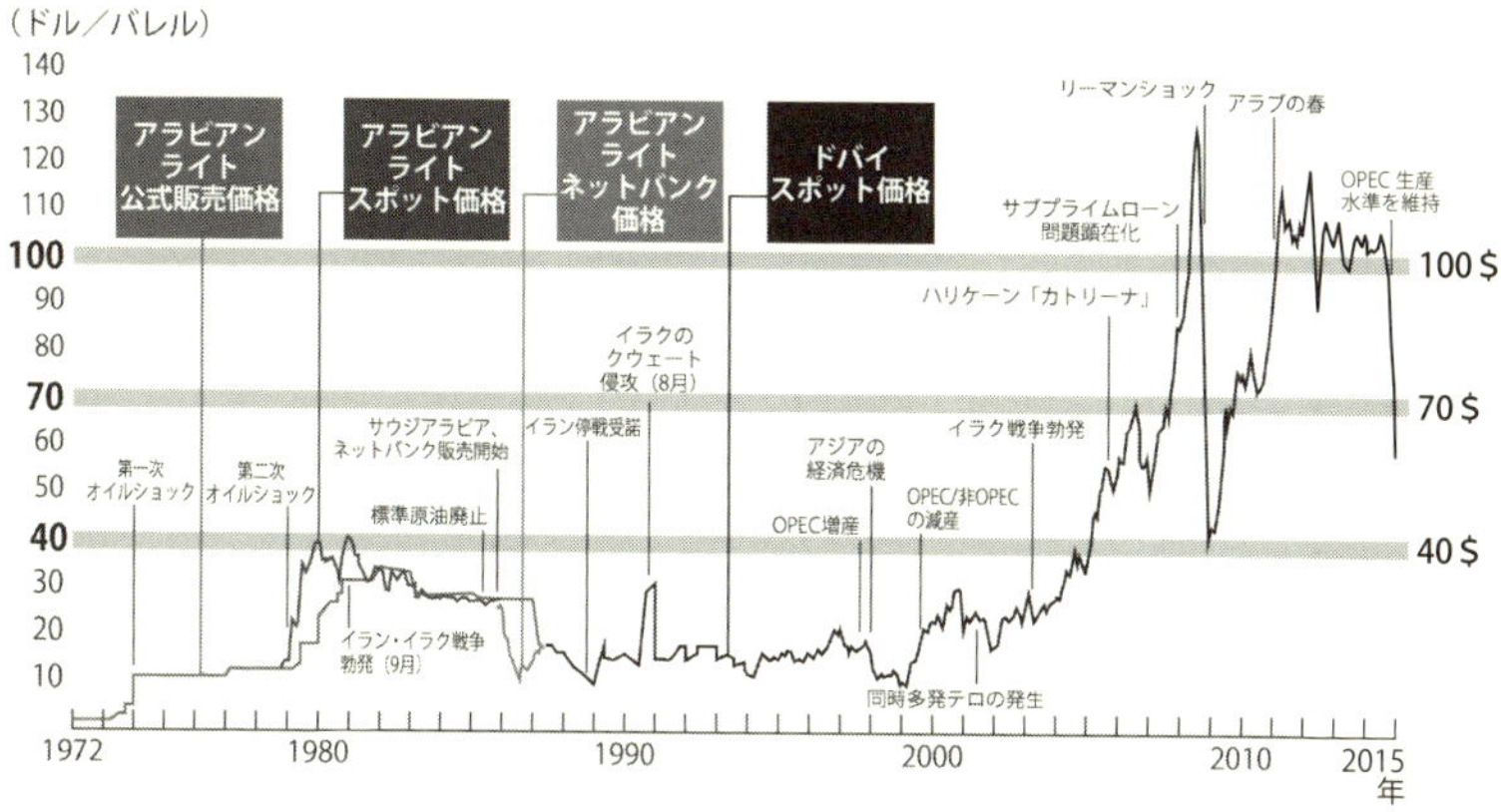

出典：石油連盟（paj）

図22　原油価格の推移

さて、今後、どうなるかだが、中国が経済優先の政策を続ける限り石炭離れは難しいように感じる。というのも、今の成長は価格の安い工業製品の輸出によって支えられているからで、もしエネルギーの多くを価格の高い輸入原油に頼ることになれば、先進国や他の新興国に対して競争力を発揮できなくなってしまうからだ。

中国製品が安い理由は、整理すると3つになる。

【中国製品が安い理由】

1、生産に携わる中国人労働者の賃金が安い（低い人件費）。

2、生産に必要な資材が安い（低い資材コスト）

3、生産設備の環境対策が進んでいない（低い環境コスト）

これらのうち、人件費は経済成長に伴って徐々に上昇していく傾向にあるし、次章で説明するように環境コストもいつまでも抑え続けておくことはできない。発電所や大規模な工場には先進国並みの環境装置の設置が義務づけられていくだろう。となると、せめて資材コストは低いままにしたいわけで、やはりここに石油を投入していくのは難しい。

もちろん環境装置が完備すればいくら石炭を燃やしても汚染物質の排出は防げるのだが、問題は、それをどこまで徹底できるかだ。自動車のケースをみてもわかるようにルールがあっても守られないのが中国という国であって、そこで生じる穴から汚染物質はどんどん外に漏れていく。そんな状況のなかで高い石油にシフトするのか、それとも高い環境コストをかけてでも石炭でエネルギーの多くをまかなうのか、中国は今、大きな選択を迫られているのである。

＊国内炭の資源量は豊富
石炭はアメリカ、ロシアに次ぐ世界第3位の埋蔵量を誇る。ただし、比較的、深い地層から掘り出す坑内掘りの炭鉱ばかりなので人手がかかるうえ、事故の噂も絶えない。

コラム

原油価格の急落は中国に何をもたらすか？

主要なエネルギー供給を石炭に頼らざるをえないことで重度の大気汚染が続く中国。それだけに、2014年秋以降の原油価格の急落は追い風のように思える。しかし本当にそうなのだろうか？

エネルギー問題について語るとき、「価格が安くなったから需要は石炭から石油に移る」といったように経済原理だけに基づいて結論づける人は専門家でも多い。たしかに長期的にはそういう流れが生まれるものの、ただ、そのためにはそれなりの時間が必要だ。これは自分たちの生活に置き換えてみればすぐにわかる。

たとえば、もし軽油の価格がガソリンの半分以下になったとする。当然、ディーゼル車のほうがコスト安になるので買い換えが進むだろうが、それでは、今、ガソリン車に乗っているあなたは明日にでもディーラーに足を運ぶのだろうか？　もちろんそんなことはないはずだ。軽油の安値傾向がこれからも続くのか、あるいは残っているローンをどうするかといったさまざまな事項を考え、最終的に乗り換えるかどうかの結論を出す。その結果、多くの消費者がディーゼル車を購入するまで早くても数カ月のタイムラグが生じる。自家用車というのはだいたい4年程度で買い換えるサイクルの短い商品だが、それでも価格変動が需要動向に影響を及ぼすまでにはこのくらいの時間はかかるのである。

現在、石炭をもっとも大量に使用しているのは火力発電所だ。発電所は1回建てると40年以上は運転する。つまり買い換えまでの時間は自家用車の約10倍長いし、小さい国の国家予算並みの莫大な建設コストがかかる。したがって、ちょっと燃料の価格が上下したくらいで簡単に方向転換はできないのである。

それでも、今、中国政府の幹部たちはかなり悩んでいると思う。石油は発電にも輸送にも化学工業にも使える万能のエネルギー資源だ。それがもし長期にわたって安く供給されるのであれば国内炭にこだわらなくても低コストを維持できるかもしれない。もちろん石油を燃やすときにも公害防止用の環境装置は欠かせないが、石炭ほど厳重でなくても済むので設備投資はかなり抑えられる。大気汚染と経済成長の狭間で苦しむ彼らにとって、価格が急落した石油はまさに禁断の果実なのである。

そこで気になってくるのが、原油価格の今後だ。

アナリストたちの分析を読むと、きっちり2つに分かれていておもしろい。安値継続派は2000年代に入り原油価格が高騰し、1バレルあたり100ドルを超えたことがそもそも異常なのであって、1970〜1990年代を通して20ドル程度だったのだからその水準にまで戻り、再上昇はないと主張する。一方、安値短期派は現在の価格はマーケット特有の「行きすぎ」によるもので、こんな異常値は長続きしないと考える。最大の理由はサウジアラビアの意向でOPECが減産に踏み切らなかったからで、あくまで政治主導による安値なのだから、目的を達すれば再び上昇に戻るというのが彼らの主張だ。

筆者は2012年に『化石燃料革命 「枯渇」なき時代の新戦略』(日刊工業新聞社)という本を書き、そのなかで石油の価格動向についても考察している。論旨だけをいえば、シェールオイルなど非在来型資源の開発が進むことで供給は増えるが、それ以上に需要が伸びるので、今後も原油価格は100ドルレベルか、それ以上の高値安定が続くというものだ。

その考えに沿うなら、やはり今の安値は異常であり、短期的なものだと考えている。

今回の価格下落の背景にあるのは、アメリカが積極的にシェールオイルなど非在来型エネルギー資源の生産量を増やしたことと、同盟国であるサウジアラビアの供給量維持政策がある。実はこれは1990年代の動向と似ていて、当時、アフガニスタン侵攻などの拡大策をとるソビエト連邦に対抗するためアメリカは意図的に原油価格を安値に導いた。その結果、世界最大の産油国だったソ連では資金が不足し、ついには国家崩壊に至ったのである。

そして今回、ウクライナなどで再び支配力を強めようとするロシアと欧米との軋轢が強まり、そのタイミングで原油価格が暴落する。これはやはり政治的な市場操作によるものと考えていいのではないだろうか。

中国の経済に失速感が出てきたことから今後の需要減が見込まれ、それが原油価格を下げる原因になっているという主張も多い。しかし世界全体をみたとき、次に新興国として台頭し、石油消費を支える国はたくさんあるわけで、市場そのものが縮小するとは考えにくい。それだけに石油の安値はいつか終わるはずで、それまでのあいだに中国がどういう行動に出るのか、そんなところも気になってくる。

●北京の空気を汚す北西の砂漠

中国が北アフリカ、中東から続くＰＭ２・５高濃度ベルトの延長線上にあることは序章で書いたが、このような地理的条件に加え、地形的な条件もこの国の大気汚染がなかなか解決しない要因のひとつになっている。

中国は広い国のわりにはかなりシンプルな地形だ。おおまかには西の３分の２ほどが高地、東の３分の１が低地となる。

さらに高地は南側がヒマラヤから続く山がちの土地で（チベット高原）、ここは、比較的、

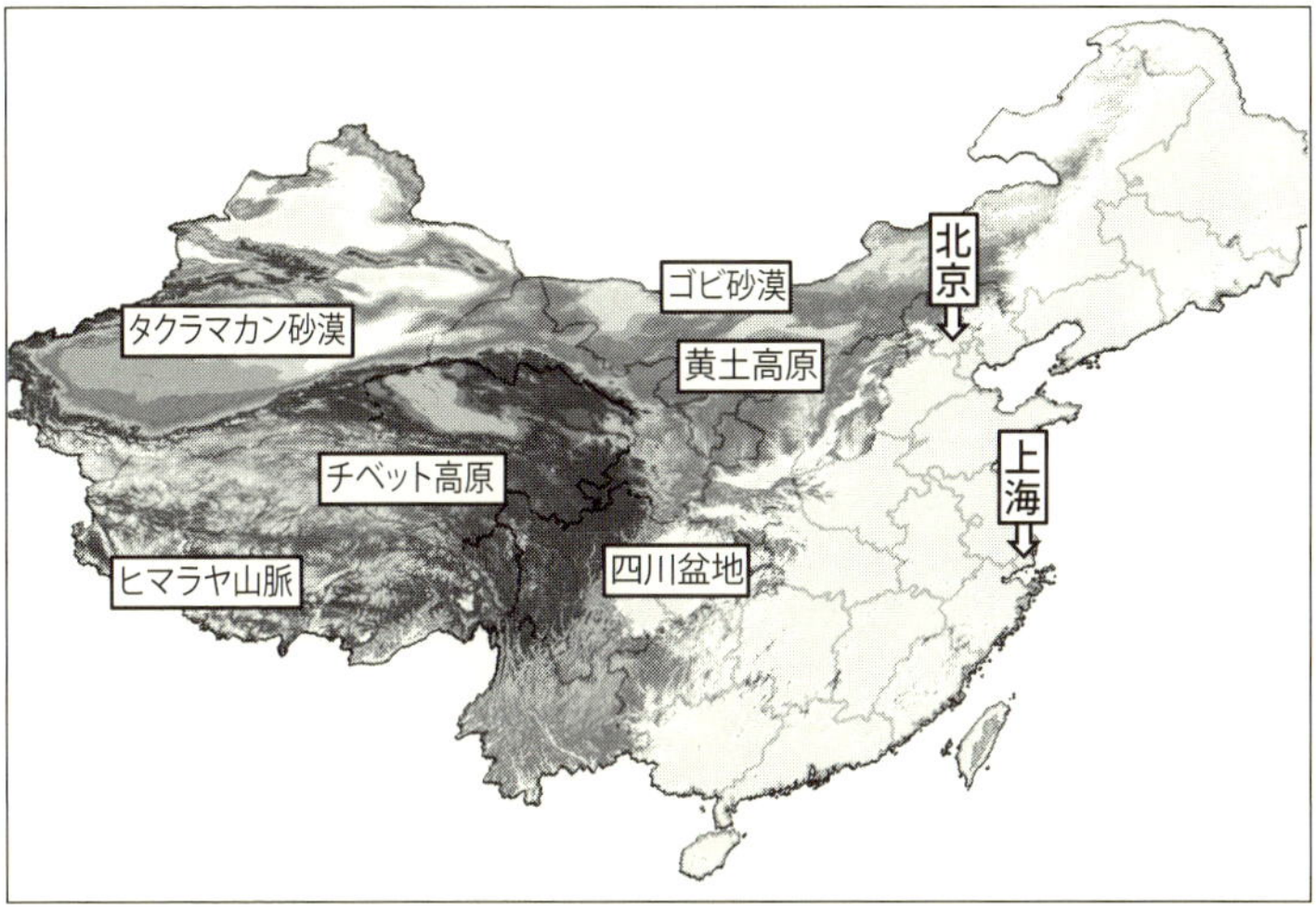

図23　中国の地形

雨や雪が降りやすいことから中国の水瓶といった役目を果たしている。代表する河川である長江はこのあたりの水を集めたもので、それを利用した三峡ダム*は世界最大の水力発電所として有名だ。

一方、高地の北側は乾燥した台地で、ゴビ砂漠やタクラマカン砂漠はここにある。また黄砂の発生源である黄土高原はこの台地の東側をいう。

北部を横断する黄河は長江と並ぶ中国二大河川であるため豊富な水量があるように思いがちだが、実際には涸れてしまうことがあるほど貧弱な川であり、特に周囲で農業用水を大量に使うようになってからは毎年のように水流がまったく途絶える断流が起きている。つまり南と北とではそれほど自然条件が異なるということだ。

前述したように日本や中国が位置する緯度では偏西風が恒常的に吹く。したがって、北西の砂漠や黄土高原からの砂塵が東の低地に運ばれ、滞留することは地形を知れば想像しやすい。たとえは極端かもしれないが、あなたの家の風上に建つビルの屋上に「粉」が山積みになっているようなものだ。したがって、中国の低地に集中している大都市は常に自然のＰＭ２・５が流れ込みやすい条件にある。そこに工業化や人口の集中によって発生した人工のＰＭ２・５が加わることで、今の深刻な大気汚染につながっていった。

それでも高地から１０００キロメートル近く離れている上海は、まだ比較的、条件*はいい。問題なのはすぐ近くに黄砂の発生源がある北京や天津などだろう。

北京は低地（華北平原）の北西の端にある都市で、要するに背後に高地をもつ「どん詰まり」の場所だ。外敵から守るには有利な地形なのかもしれないが、黄砂など自然の粒子状物質はどんどん降ってくるはずで、そのせいか、もともと埃っぽく、霧が発生しやすい町だった。

そんなところでも北方交易の中心地といった程度の利用であれば問題はなかったものの、明、清、中華民国、中華人民共和国と続く歴史のなかで北方勢力が勝利することが多かったため徐々に中国の首都としての地位を確立していく。さらに市場経済の導入後は１２０キロメートルほど離れた港湾都市天津と連動するかたちで都市化、工業化が進んだ。その結果、中国でももっとも大気が汚れた都市のひとつになってしまったのである。

しかも、北京周辺の大気汚染が時代とともに悪化していった理由は、発電所や工場、自動車の増加によるものだけではない。

中国ではそれこそ数千年前から黄土高原で森林伐採や開墾、放牧などを続けてきたため広範囲に砂漠化が進行していた。そしてそれを一気に加速させたのが毛沢東の指導によって行われた１９５８～１９６０年の大躍進政策である。

大躍進政策については「種や苗を高密度で植えれば収穫が急増する」といったまちがった理論で大凶作を招き、総計で２０００～５０００万人の餓死者を出したという農業面の失敗がよく紹介されるが、工業における取り組みでも悲惨な結果に終わっている。当時「国の発展のためには鉄鋼の生産が重要」と考える政権トップによって大増産が指示されたものの、近代的な製鉄所をもたない中国では木炭を燃料とする原始的な製法に頼るしかなく、山林を次々と伐採していった。それにより高地の砂漠化はいっそう進む。

このような愚策の結果、現在、中国*の国土の約18パーセントが砂漠となり、北京周辺でいえば拡大するゴビ砂漠は都市圏まで10キロメートルのところにまで迫っているという。10キロといえば東京駅から中央線の中野駅、大阪駅から伊丹空港あたりまでとかなり近い距離なので、このままでは首都が砂漠に呑み込まれてしまう可能性さえありそうだ。そうなると、もうＰＭ２・５どころの話ではない。

日本は海に囲まれた島国だし、台風のような強い風もときどき吹くので、地上の汚染物質を除去しやすい立地条件にある。したがって国内の発生を抑制していくことで自然に浄化力が発揮されるのは環境行政を進めていくうえで非常に有利だ。しかし中国はもともと自然のＰＭ２・５が大量発生し、都市の多い低地に流れ込みやすいうえ、膨大な人口を抱えてしまったことで人工的な発生源も多い。そして広い陸地では、一度広がった大気汚染物質はなかなか消えてくれない。だからこそ、本気で環境問題に挑むなら、それなりの覚悟と巨額な投資が必要になってくるのである。

＊世界最大の水力発電所
最大出力２２５０万キロワットは、原子力発電プラントや大規模な火力発電プラント20基分以上となる。ちなみに日本最大の水力発電所（揚水は除く）は電源開発の奥只見発電所で認可出力は56万キロワット。三峡の約40分の1だ。

＊条件はいい

それにもかかわらず上海のＰＭ２・５濃度も非常に高い数値を見せており、すでに人工の粒子状物質だけでそれだけの量になっているということだ。

＊中国の国土の約18パーセントが砂漠となり

このあたりの流れを考えれば、黄土高原などへの植林と緑化が大気汚染対策としてはかなり有効な気がするのだが（水資源不足の対策にもなる）、中国政府が新しい環境対策を発表するときにはあまり触れられない。もっとも、一度、砂漠化した土地を元に戻す試みは、非常に難しいのだが。

第2章

ＰＭ２・５対策の成否が中国の未来を決める

2014年11月初旬、北京を訪れた人は予想外の風景に驚いたはずだ。大気汚染によるスモッグが日常化しているといわれていたのに、目の前に広がっているのはきれい*に澄んだ美しい青空。天空を覆う濃いブルーが歴史と近代の同居する荘厳な町並みを浮かびあがらせ、まるで巨大な舞台装置を見ているかのようだ。

しかし、ニュースなどでこの間の事情を知っている人であれば、すぐにそのカラクリに気づく。

「なるほど、これが噂のAPEC*ブルーか……」

そして、この奇跡の裏にあるさまざまな努力を想像して、なんとも複雑な気分になったのではないだろうか。

11月10〜11日、中国の北京では第26回アジア太平洋経済協力（APEC）首脳会議が開かれた。APECは環太平洋地域における多国間経済協力を進めるための非公式なフォーラムであるものの、毎年、行われる首脳会議はこのエリアの国や地域のトップが集まり、経済政策などについて、直接、対話ができる場として回を重ねるごとに重要性が増している。そして今回、13年ぶりの開催となる中国にとっては国威発揚の絶好の機会となるだけに、あらゆる方法を使ってのイメージアップ計画が企図された。

ところが、その前に立ちはだかったのが史上最悪といわれる大気汚染だ。青空がないどころか、近くのビルすら霞んでしまうほどの異常な光景を、できることなら他国の要人や報道陣の目には入れたくない。そこで国を挙げてのビッグ・プロジェクトが始まった。

この作戦には前例がある。2008年8月の北京オリンピックのときにも青空を蘇らせようとさまざまな対策が実行された。大きな工場を郊外に移転させ、整備不良の古い自動車を次々と廃車にし、厳しい通行制限を設けて走行する自動車の台数を半分にする。他にもたくさんの強引な手法を重ねることでなんとかスモッグを抑え込むのに成功した。あの鳥の巣のようなデザインのメインスタジアムが青空に包まれたときには、関係者たちはほっと胸をなでおろしたはずだ。*

しかし6年前と比べると汚染状況はかなり悪化している。そこで今回は、さらに徹底した作戦が考え出された。

＊きれいに澄んだ美しい青空
「月が出てるよ。これじゃ、誰も北京と信じてくれないよね」。3日午後、独メルセデス・ベンツが開いた北京R&Dセンター開所式。屋外で新しい建物の全景を撮影しようとしていた米国メディアの

ベテラン記者が真顔で困っていた。「まるで合成したと勘違いされる」ほど空気が澄んでいたためだ。(日本経済新聞電子版2014年11月6日)

大気汚染の激しい北京では月さえも見えないというのは、この報道で初めて知った新事実である。

＊APECブルー

平常時のスモッグとAPEC開催期間中の青空の対比は、2014年11月13日付けの「ハフィントンポスト」の記事『北京の空を「APECブルー」にするために禁止された7つのこと』が一番わかりやすいと思うので、気になる人はみてほしい(記事の内容も秀逸)。URLを打ち込まなくても「北京 APEC ハフィントンポスト」で検索すれば出てくるはず。

参考URL

http://www.huffingtonpost.jp/2014/11/12/7-things-you-cant-do-in-beijing-apec_n_6149672.html

＊鳥の巣のようなデザイン

スイスの建築家ユニット、ヘルツォーク&ド・ムーロンによるもの(写真は上記の「ハフィントンポスト」の記事にもあり)。骨組みを活かしたあのデザインはどう考えても背景に青空があることを前提にしたものだと思うから、もしかすると中国政府への挑戦状だったのかもしれない。

●「一瞬」の青空のために……

ＡＰＥＣに向けて青空を復活させる。現地で「空気品質保障工作」と呼ばれた大作戦は、次のようなかたちで進められていった。

市民生活にもっとも影響が大きかったのは交通規制だ。

北京オリンピックのときには、ナンバープレートの末尾が偶数か奇数かによって通行制限を行い、交通量を半減させた。北京に漂うＰＭ２・５の約３割が自動車由来であることを考えれば、効果はかなり大きかったはずだ。

それに気をよくしたのか、オリンピック終了後もかたちを変えながら交通規制は続けられている。さすがに、常時、半数の自動車を走行禁止にするわけにはいかないので、日によって通行可能なナンバーを指定し、２割削減する方法が採用された。その結果、地下鉄やバスなど公共交通機関の利用率は２００７年の34・5パーセントから２０１３年の46パーセントへと11・5ポイントも上昇したのだから、ラッシュ時の交通渋滞の緩和には少しは役立ったのかもしれない。

残念だったのは、本来の目的である大気汚染の軽減にはあまり効果がなかったことだ。北京*

では乗用車の購入に厳しい制限を設けているにもかかわらず、市内を走る自動車の台数は確実に増え続けている。このため、ナンバープレートによる走行規制を行っても全体としての通行量を減らすことはできず、スモッグの発生頻度はかえって高くなってしまった。

そんなことから、ＡＰＥＣに向けて再び大鉈が振るわれた。11月3日から12日まで、オリンピックのときと同じ「ナンバープレート末尾の偶数／奇数」による規制を行って半数の自動車を通行禁止にしただけでなく、交通量そのものを減らすために11月7日から官公庁や学校を強制的に休みにする「ＡＰＥＣ6連休」が始まった。呼応した民間企業の分まで含めれば、おそらく数百万人規模のワーカーや学生が、約1週間、自宅待機をすることになったのだから、冷静に考えてみれば無茶苦茶な話だ。

交通と並んで強い規制の対象となったのが「火」である。ＡＰＥＣ期間中は大小問わず火を燃やす行為が厳しくチェックされたため、製鉄所や工場などの操業はほぼ完全にストップしてしまった。さすがに火力発電所を止めるわけにはいかなかったようだが、それでも工場やオフィスに送電する分は大幅に減っているので、稼働率はかなり低くすることができたはずだ。

火の規制は工場だけでなく、屋台を含めた町中の飲食店や、家庭にも及んでいる。特に石炭を燃やすボイラやコンロの使用は厳しく制限された。他の燃料を使うものであってもできるだけ使用は控えるように指導されたという。

困ったのは火葬場の扱いで、さすがに葬儀をするなとはいえないから遺体の処理は許されたようだが、それでも衣類や花などの副葬品は別にして夜間に燃やすといった措置が採られたらしい。また、中国では結婚式や開店祝いなどの祝辞に欠かせない花火や爆竹*がすべて禁止になっただけでなく、寺で日常的に燃やされる線香*まで規制の対象になったそうだから、冠婚葬祭にもいろいろ影響が出たようだ。


その他、粉塵の発生源である建設工事や道路工事がAPEC期間近くになると全面的に禁止されたのはいいとしても、よくわからないのは、大気汚染に、直接、関係なさそうな市民生活の細かい部分にまで制約が及んだことである。たとえば公共医療機関が緊急の場合を除いて休業することになったり、婚姻手続きの受け付けが停止されたりしたのは、いったいどういう目的によるものなのだろうか。

おそらく、あらゆる方法を駆使して人々の動きを減らし、産業や生活によって発生する汚染物質を少なくしようと考えたのだろうが、このあたりの「ピントのずれた感じ」は、今の中国を象徴しているようにも思える。組織の上層部からトップダウンで来る命令は絶対なので、下の者たちは「とにかく大気汚染物質の発生を抑えなければいけない」と右往左往する。その結果、科学的に効果を検証することなく、過剰な対策に走ってしまうのである。

このような行きすぎた規制に、住民たちは、当然、戸惑い、混乱する。それがおもしろかったのか、ＡＰＥＣブルーに関する外国メディアの報道では、そのあたりにスポットをあてたものが多かった。しかし、今回の一連のプロジェクトの社会的な影響について考えるのであれば、注目すべきは住民生活の「細部にまで及んだ規制」ではなく、地域的に「広い範囲に及んだ規制」のほうだと思う。

北京を悩ます大気汚染物質のうち約４分の１は周辺から流入してくるものだ。したがって、そこまで規制の対象にしなければ充分な効果は得られない。そんな考えから工場などの操業停止は半径２００キロメートルの地域に及んだという。地名でいえば天津市や河北省までを含む京津冀*と呼ばれるエリアがすべて含まれる。

これがいかに大変なことか、日本にあてはめてみれば、すぐにわかるはずだ。

たとえば、東京を中心に半径２００キロメートルの円を描いてみると、関東一円はもちろん、福島県・新潟県・長野県・静岡県の大半がその中に入ってしまう。もしこれだけの地域で１週間近く、ほとんどの生産活動を止めてしまったら、日本経済はどれほど大きなダメージを受けるだろうか。おそらく、国内総生産（ＧＤＰ）に影響が生じるほどの被害になるはずだ。

実際、中国でも今回の青空大作戦による経済損失はかなり大きかったようで、国営の新華社通信が、唯一、伝えてきた数字では、河北省の石家荘市だけでも企業の利益は12・6億元（約214億円：2014年の平均的な為替相場である1元＝17円で計算。以下同）減ってしまったという。石家荘市の人口は京津冀全体の10分の1ほどなので、この比率から単純計算するなら、規制対象となった地域全体における*損失総額は2000億円以上になるはずだ。

それだけの多大な犠牲と引き替えにようやく手に入れた青空だったが、それはまるでシンデレラの舞踏会のように儚く、*わずかな時間で消えてしまった。APEC首脳会議が終わって約1週間後の11月19日、北京は早くも深刻な大気汚染に襲われる。おなじみのアメリカ大使館情報によるとPM2・5を含む空気質指数は「Hazardous（危険）」領域に入る300を突破し、一時的には400台にまで上昇した。

このあたりの様子は、67ページに掲載した北京のPM2・5濃度推移のグラフにも如実に表れている。APEC期間の前後だけ数値は見事に減少しており、そしてすぐに元通りに上昇しているから、いかに特殊な状況だったかわかるはずだ。

このグラフの「谷」の部分は、環境対策という視点でみれば大きな成果を示すものだが、経済的にみれば、ただの損失でしかない。要するに環境を優先すれば大きな被害を伴うわけで、そこに今の中国の抱えるジレンマがある。

＊北京では乗用車の購入に厳しい制限
個人が小型乗用車を購入する場合は申請してさまざまな審査を受けたうえ、確率0・9～2・7パーセントほどの（実績値）ナンバープレート抽選に当選しなければならない。当初は効果のあった抽選制度だが、最近は家族全員で応募したり、すぐに買う予定もない人まで参加して申込者は180万人規模になってしまった。このため、すでに規則が形骸化しているとの指摘もある。

＊爆竹
導火線で千個以上繋げたものを一気に爆発させるので、たしかに煙の量は多い。もっとも、爆竹の場合はその音が銃撃のものとまちがいやすいので、要人の警護をしやすくするため規制したという別の理由もあったようだ。

＊線香まで規制の対象
中国のお寺では松明ほどの巨大な線香が焚かれることがあるので、発生する煙の量は日本とは比較にならないほど多い。

＊京津冀

「けいしんしき」と読み、首都であり政治都市である北京、北京と同じ直轄市である天津、さらに河北省の石家荘、廊坊、保定、唐山、秦皇島、滄州、張家口、承徳の8つの都市からなる地域を指す。ここだけで人口は約1億人となり、日本の8割ぐらいだ。

＊損失総額は２０００億円以上

北京市内は周辺地域以上に厳しい規制がなされたので、損失の総額は確実にこれを上回る。

＊わずかな時間で消えてしまった

もちろん欧米のメディアは思い切り皮肉った報道でそれを伝えたが、中東カタールに本拠地を置くアラブ社会向け国際ニュース通信社アルジャジーラも「APEC Blue skies vanish as Beijing summit ends（ＡＰＥＣブルーは首脳会議が終わると共に消える）」というタイトルでかなりシビアな記事を掲載している（英語版サイト）。そこで流されている2分間ほどのビデオも北京の大気汚染状況をコンパクトにレポートしていておもしろい。「APEC Blue Al Jazeera」で検索すれば、すぐにみつけられる。

参考ＵＲＬ

http://www.aljazeera.com/video/asia-pacific/2014/11/apec-blue-skies-vanish-as-beijing-summit-ends-2014111914849297283.html

●APECブルーが中国政府を動かしていく？

成果としては一瞬のものであり、また住民たちにとっては生活上、大きな支障が生じた北京の青空大作戦だったが、それでも空気がきれいになり、美しい空が蘇ったことに関しては歓迎する声が多かったという。そして「やればできるじゃないか」といった前向きな意識が芽生えてきたのもたしかだ。

そんな動きの先頭に立っているのが習近平国家主席である。11月10日にはＡＰＥＣ首脳会合に参加する各国首脳をもてなす歓迎宴の席上、めずらしく謙虚な態度でこんなあいさつを行った。

「現在の北京の青い空は、『ＡＰＥＣブルー』であり、きれいだが一時的ですぐになくなってしまう、という人がいます。たゆまぬ努力を通じて、ＡＰＥＣブルーを持続させることができる。私はそう信じています」（産経ニュース２０１４年12月1日）

これまで長く「環境より経済」といった政策を採り続けてきた中国政府のトップがここまで

Why China might be ready to clear the air

President Barack Obama and Chinese President Xi Jinping announced new climate change targets at the end of their two-day talks in Beijing. (HOW HWEE YOUNG, EPA)

NOVEMBER 14, 2014, 2:30 PM

It's easy to throw cold water on the U.S. climate change agreement with China and, for spite, chill your glass in an energy-guzzling refrigerator: These are nonbinding goals for the far-off future, tossed out at a summit to make two leaders look good.

China may not have to do much to reach its main goal, a squishy pledge to slow the growth of carbon dioxide emissions until it peaks around 2030. That's about when Chinese urbanization is expected to top out anyway. So, no big stretch required. And no specific emissions number identified.

Related

And yet this U.S.-China accord is more than empty diplomacy. The agreement announced a few days ago in Beijing between President Barack Obama and President Xi Jinping represents the first time China has agreed to cap its greenhouse gas emissions. For years, China played a

図24　大気汚染が中国の政情を不安にする

APECに向けて大気汚染を一時的に抑えて面目を保ったつもりの中国政府だが、外国メディアはむしろ「環境問題が政権を揺るがすレベルにまで悪化している」との論調に走った。記事は米国シカゴ・トリビューン紙のもの。

参考URL
http://www.chicagotribune.com/news/opinion/editorials/ct-climate-china-u-s--edit-1115-20141114-story.html

はっきりと「環境政策に力を入れる」と宣言したのだから、この国もそろそろ変わろうとしているのかもしれない。個人的にはそんな印象を受けたし、さらにさまざまな内部事情を考えたら、習近平氏にとっても中国政府にとっても、もうそれしか選択肢がないように思える。なぜなら、このまま環境汚染を放置していけば体制そのものが崩壊しかねないリスクがあるからだ。

そんな厳しい状況を明確に報じたメディアのひとつが、APEC直後に「なぜ中国は空気をきれいにしなければいけないのか（Why China might be ready to clear the air）」という記事を掲載したアメリカのシカゴ・トリビューン紙である。それによると、今や中国の都市部における大気汚染は著しい健康被害をもたらすレベルにまで達しており、そのことが中国共産党による一党支配を脅かす一番の危険因子になっている。したがって、もし空気をきれいにすることができなければ政治不安を招く可能性があるというのだ。

同様の感覚は多くの外国メディアがもっているようで、似たような記事はいくつもみられた。

このような状況に対し、従来の中国政府であれば力で住民たちの不満を抑える政策をとったかもしれない。しかし現在の国家主席である習近平氏は少し違う道を選ぼうとしているように感じる。

彼は歴代の指導者に比べるとポピュリズムの傾向が強く、*大衆人気を権力維持の基盤にしようとしているところがある。*官僚の腐敗への厳しい取り締まりも、その一環だろう。だからこそ、日本や欧米各国は、今後、中国政府の方針が環境対策を重視した方向へと進むのではないかと期待してしまう。

事実、まだ大きな成果には結びついていないものの、彼が権力構造の中枢に近づいてきてから新しい政策が次々と打ち出されていった。

まず２０１２年２月29日に行われたのが大気環境基準の改定だ。中国の大気環境基準は１９８２年に初めて制定され、その後１９９６年と２０００年に改定が行われたが、３回目となる今回は、もっとも基準を厳しくした。その結果、旧基準では達成率が91・４パーセントと、ほぼクリアしていたのに対し、その数字は一気に50ポイント以上低下する40・９パーセントになり、大気汚染の厳しい現状があからさまになる。

それまでの中国ではどんな場合でも「政治的な努力により大きな成果があった」と報告するのが常だったのに、あえて失敗を明確にしようという姿勢に、環境対策への本気さを感じさせる決断だった。ちなみに、ＰＭ２・５に関する環境基準が初めて定められたのもこの改訂においてだ。

翌2013年5月25日には大気汚染防止十条の措置が発表される。

実は2012年10月に重点地域大気汚染防止第12次5カ年計画が決定し、二酸化硫黄や二酸化窒素などの大気汚染物質の全国排出総量をそれぞれ8パーセントと10パーセント削減するという目標が打ち出されていたにもかかわらず、2013年に入ると中国全土の多くの都市で過去最悪ともいえる記録的な大気汚染が発生した。前述した「1月12日には北京で1立方メートルあたり700マイクログラムのPM2・5濃度を記録」というのもそのひとつだ。このため、より大きな成果に結びつくような政策が実行されることになったのである。

たとえば汚染物質の排出を削減させるために石炭を燃料とする小型ボイラを全面的に取り締まるとか、自家用車から公共交通へのシフトを進めるといった具体的な措置が決められたのもこのときであり、これらはAPECブルーに向けての青空大作戦においても着実に実行されている。

もっとも、すぐにでも手を付けられるものに加えて、「エネルギー構造の調整を加速し、天然ガス、石炭由来メタンなどのクリーンエネルギーの供給を拡大する」といった10年以上の期間を必要とするような対策まで含まれているところに、充分に練られた内容にはなっていない印象を受けるが……。

そして2013年9月10日には大気汚染防止行動計画が公布された。これはその前の「十条」をより具体化したもので、2017年までの5年間に全国で進める大気汚染対策の基本的な方向を示す重要なものだ。たとえば次のような目標が決まる。

1、2017年に全国の一定規模以上の都市（地級市）のPM10濃度を2012年比で10％以上低下させる。

2、京津冀（北京市、天津市、河北省）、長江デルタ、珠江デルタなどの地域のPM2・5濃度をそれぞれ約25、20、15パーセント低下させる。

3、北京市のPM2・5年間平均濃度を1立方メートルあたり60マイクログラム以下にする。

以降、これらの目標達成のために石炭ボイラなどの汚染物質発生源への取り締まりの強化や自動車用燃料の品質改善、老朽車の廃車、立ち遅れた生産設備の淘汰や過剰生産設備の圧縮、石炭消費総量の抑制とクリーンエネルギーの利用促進といった措置が地方や部門ごとに決められ、実行されていくということだ。

＊大衆人気を権力維持の基盤に
これまでの中国共産党幹部の演説や文章を「冗漫、空虚、偽り」であるとし、「もっと大衆にわかりやすいものにしなければならない」「一般大衆は歴史を作る原動力だ」と発言したことがある。もっとも、一部のメディアが彼を「中国のゴルバチョフ」と評するのは、いくらなんでも買いかぶりすぎだと思う。大衆主義に走ったとしても民主主義をやろうとしているわけではないのだから。

＊官僚の腐敗への厳しい取り締まり
もちろん政敵を倒すという目的にも利用されているのだろうが。

●中国が支払う巨額な環境マネー

ある意味、尻に火が付いたような状況で進められている中国の環境対策だが、成功するか失敗するかは政治ではなく経済、つまりお金の問題だという気がする。なぜなら、公害防止には膨大なコストがかかり、それを捻出するのは共産党一党支配の中国政府でも簡単ではないからだ。

そこで、どのくらいの予算が必要になってくるのか、少し乱暴だが、こんな試算をしてみた。参考にするのは日本の電力会社の会計資料だ。中国でも大気汚染の原因の多くが火力発電所からの排出物なので、それを解決するための経費が必要だと考えれば、それほど的外れな推論ではないと思う。

日本最大の電力会社である東京電力の場合、年間の環境対策コストは、支出となる「費用」が約1354億円、設備などへの「投資」が約789億円とされており、合わせると約2143億円だ（2013年度）。これに対して事業規模を示す電気料収入は約5兆9197億円なので、環境対策コストはその約3・6パーセントを占めていることになる。

東京電力の場合、既存プラントについてはすでに環境装置を組み込むなどの先行投資を終えていて、今のコストはあくまで現状維持のためのものだ。それでもこれくらいの出費を続けていかなければ先進国レベルの環境基準を守ることはできないということをわかってほしい。

ここで、仮にこのパーセンテージを中国のGDPである約1000兆円に掛け合わせてみると36兆円となる。これは、いってみれば「今より汚染状況を悪化させないための日常的な環境予算」であり、最低限、必要な予算だ。

中国の場合、国内の発電所や工場に環境装置が完備しているとはいえないので、現状より環境をよくしていくには、新たな設備を導入するための先行投資も続けていかなければならない。つまり36兆円にどれだけ上乗せするかによって、どこまで改善できるかが決まっていくのである。理想をいえば数百兆円レベルの資金が必要だと思うが、といっても上限はあるだろうから、最大でもＧＤＰの10パーセントにあたる約１００兆円か、５パーセントの50兆円といったあたりが順当な落としどころではないかと思う。

このような叩き台を用意したうえで改めて中国政府の発表内容をみると、なかなか合点のいく金額が提示されていることに気づく。

たとえば２０１３年９月にスタートした大気汚染防止行動計画では、大気汚染物質の排出量を２０１７年までに30パーセント以上削減するためのコストとして５年間で１・７兆元、つまり約29兆円を投入するとしている。年間にすると約５・８兆円だ。ちなみにその前年には大気汚染対策費として２０１３年からの３年間に３５００億元の予算を組む計画を発表しており、これだと年間約２兆円にしかならなかったのだが、２０１３年に大気汚染による高濃度のスモッグが頻発したことから計画が見直され、費用も３倍に拡大したようだ。

そして２０１５年を迎え、さらに増額を示唆するニュースが入ってきた。

北京では*２０２２年の冬季五輪開催を目指しているが、いうまでもなく大気汚染問題が大きなネックとなってくるため、２０１７年までに官民合わせて計８０８１億元の環境対策コストを投入すると表明した。民間の分が加わるとしても一都市だけで年間約4兆６０００億円の経費を使うというのだから、この調子で全国的な環境対策を進めていくとしたら、あっという間に50兆円くらいは超えてしまいそうだ。

ちなみに中国の国防予算は２０１４年が８０８２億３０００万元（約13兆７４００億円）でアメリカに次ぐ世界第2位なのだが、大気汚染だけでなく水質や土壌などへの汚染対策を含めた総合的な環境コストはそれを上回る可能性は高い。それどころか、ＧＤＰの約4パーセントを占め、工業分野ではもっとも大きい＊「通信設備、コンピュータその他電子設備製造業」を抜き、国内最大規模の産業になる日もそう遠くないのである。

＊２０２２年の冬季五輪
北京と開催を争っているのはカザフスタンのアルマトイ。常識的に考えれば、すでに夏のオリンピックを成功させた実績がある北京は国際社会における認知度が低いアルマトイより有利なはずだ。またオリンピック史上初の「夏冬同一都市開催」という話題性もある。それにもかかわらず、これだけの金額を提示しないと勝負に出られないというところに今の中国の苦しい立場が感じられる。なお、開催都市の決定は２０１５年7月31日のＩＯＣ総会で行われるので、それまでに予算を確保し、やる気をみせなければならないので、実はもう、あまり時間がない。

＊通信設備、コンピュータその他電子設備製造業
国家統計局による分類項目。工業生産総額の8パーセント以上を占め、GDPにおける第二次産業の比率が47パーセントほどなので（2010年）、だいたいこのくらいになる。

●環境政策への抵抗勢力は地方政府と中間層

習近平氏率いる中央政府は環境対策に本腰を入れ始めたように思えるが、この先、懸念されるのはさまざまな抵抗勢力の存在だ。抵抗勢力として最大のものは地方政府である。

中国の地方行政システムは日本や欧米先進国のような自治制ではなく、中央政府の下に階層ごとに地方政府がぶらさがっているヒエラルキー構造になっている。そして上のレベルの政府が常に下のレベルの政府を指導し、政策がきちんと実行されているか監視するという体制だ。

このような組織は、一見、命令系統がすっきりしていて効率的に物事を行っていけるかのように思える。しかし実際には各レベルで「上司」の顔色ばかり窺う行為が横行するため部分最適しかできず、全体最適には繋がらないことが多い。

その好例がAPECに向けての北京の青空大作戦だ。あのとき、本当に効果があるのかどうかわからない細かい規制まで行われたのは、最終的な成果の行方よりも「それぞれがどうがん

ばったか」という部分的な行動が評価の対象になったからだろう。これは上下関係がはっきりしている組織ではよくあることだ。

さらにこのような組織では下からの報告も自分たちの手柄を大きくみせるために「盛った」内容になりやすく、このことが上[*]の判断を狂わせるという問題もある。要するに上も下も自分たちのまわりしか見えず、全体を把握できないので、ちぐはぐな対応になってしまうわけだ。

中国の政治システムがいかに全体最適に向いていないかは、計画経済の国でありながら地方政府の多くが財政破綻の危機に陥っているという事実でもわかる。たとえば江蘇省では造船や太陽光パネル製造など主要産業への過剰投資が続いた結果、２０１３年には借入金が債務不履行になるほど膨らみ、中央銀行である中国人民銀行の強力な支援なしには成り立たない状況だという。しかもこれは特別なケースではなく、現在、全国に31ある省のうち９つの地方政府が深刻な財政危機に陥っているという。

そんな状況の中で新たな支出が発生する環境政策を進めていこうとしても、簡単にはいかないだろう。経済成長を競っている地方政府にとっては受け入れにくく、その結果、よくある「総論賛成各論反対」となってしまう。そしてこのような状態こそ、反対勢力をもっとも生みやすいものだ。

さらに地方政府と企業が強固に結びついて権益構造をつくっている場合は、もっとやっかいになる。中国では昔から石油閥が強く、国内市場を独占している国有石油会社3社を中心に関係する地方政府との癒着が問題になっていた。たとえば大気汚染対策として自動車燃料に厳しい基準を設けても、それがなかなか守られないのは石油閥が抵抗勢力として暗躍し、規制を骨抜きにしてきたからだ。

これら地方の抵抗勢力に対し、習近平氏は2013年5月に開かれた党中央政治局の会合で「環境対策の実効性を高めるため、責任追及制度をつくる必要がある。環境を顧みない者は必ず罰を受けるべきだ」と強調し、積極的に排除していく姿勢を示した。そんな豪腕政治*が効力を発揮し始めたのか、2014年1月には全国の8割にあたる26もの省の地方政府がその年の重点政策として大気汚染対策を掲げたという。現状では宣言しているだけで、まだ具体的な成果にはつながっていないようだが、少なくとも政府レベルでは環境を優先する政策への方向転換は確実に進んでいるようで、それだけをみても中国は変わりつつあるのかもしれないという印象を受けた。

習近平氏にとってもっと身近な敵がいるとすれば、それは支持者の中心である「改革・開放路線で経済的な恩恵を受けた中間層」だろう。彼らにとっては事業による利益が絶対であり、このため自由な経済活動を保証してくれる習政権への期待を表明してきた。

中間層の中には国際的なビジネスに携わっている人も多いので、そういうグループであれば環境政策にも理解を示すだろうが、問題は、今後、徐々に中国経済の成長率が下がってきた場合だ。そうなると環境コストに耐えきれなくなってきた人から順に抵抗勢力に変貌する可能性がある。

もしそうなったとき、習近平氏は方針を曲げずに大衆側の視点に立って本格的な環境政策を実行するのか、あるいは中間層の要望に応えて後退させるのか、そのあたりはまだ彼のキャラクターも含めて読めてはいない部分である。

＊上の判断を狂わせる

現場の担当者が「婚姻手続きの受け付けを停止したら人々の移動が減り、大気汚染防止に大きな効果がありました」と虚偽の数字を交えて報告すると、何階層か上の組織では、もう精査することはできないので「次回は効果をもっと大きくするように」とでもいうしかない。その結果、今度は離婚届けの受け付けまで停止されるかもしれず、目的を見失ったまま方法だけが過激になっていく、という珍奇な現象が進む。

＊豪腕政治

習近平主席はここに来て反対勢力への弾圧を強めているが、そのことも今後の環境政策に大きく影響してきそうだ。たとえば２０１４年５月に党籍を剥奪されて身柄を司法機関に移された周永康は石油業界のボスだった人物で、大気汚染対策を進めるうえで大きな障害になっていた。また２０１２年に失脚し、収賄などの罪で無期懲役の判決が下った薄熙来は「重慶に独立王国を築いた」といわれたほど、一時期は権勢を振るっていたが、彼のような地方の大物もこれまでの環境政策では抵抗勢力になりがちだった。

●中国の環境汚染はＧＤＰも蝕んでいる

中国が環境対策を本気で進めるには巨額の予算が必要であり、それが経済に及ぼす影響によって今後の結果が大きく変わってくる。それはまったくその通りなのだが、一方で深刻な環境汚染が中国経済の足を引っ張っているとの主張があり、それが真実だとしたら、経済成長を持続させるためにも環境対策が不可避となってくる。

この問題を指摘しているのは、中国社会科学院の李楊副院長だ。彼の分析によれば、現在の中国の環境汚染はＧＤＰの８パーセントに相当する経済損失をもたらしており、それを考えれば実質的な成長率はかなり低いものになってしまうという。

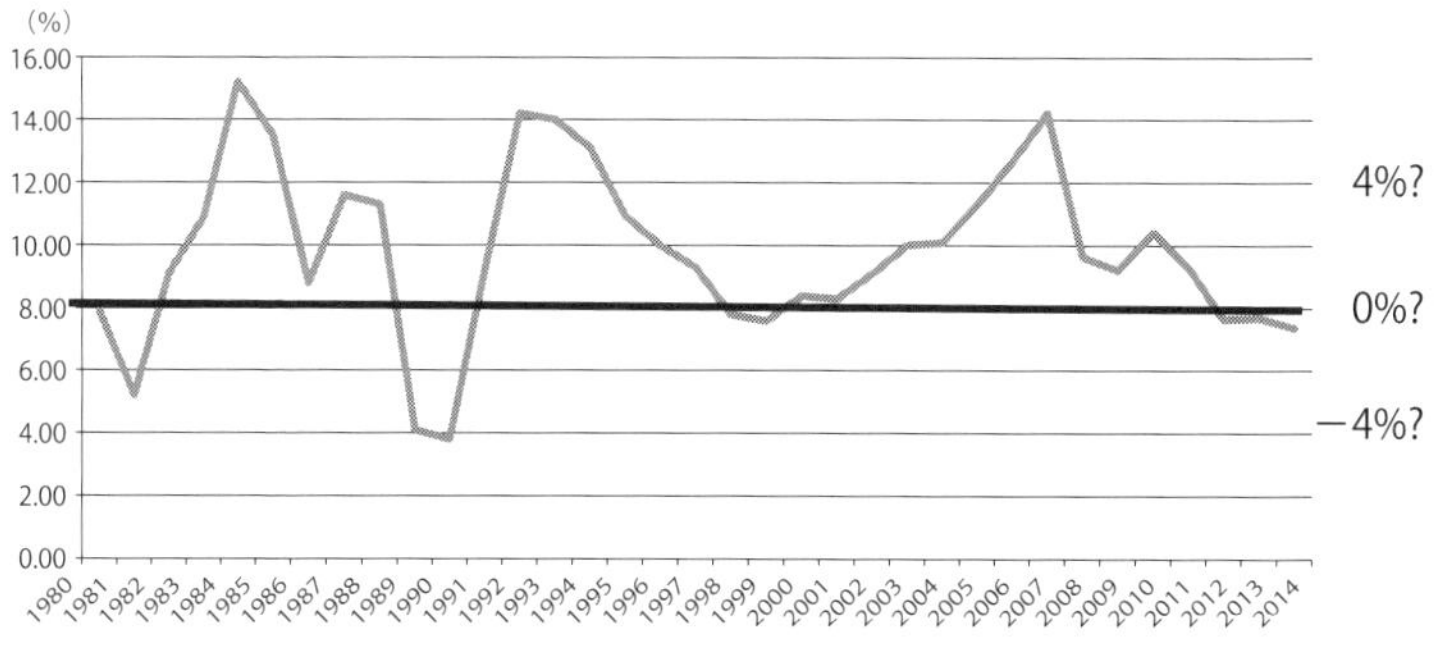

図25　中国の経済成長率と環境損失の8%ライン

この指摘が真実味をもっているのは、海外メディアではなく、中国の中枢にいる人物によってされたからだ。李氏の所属する中国社会科学院は中国における社会科学研究の最高学術機構であり、研究者4200人を擁する最大規模の政府系シンクタンクだとされる。その組織のナンバー2の発言だけに、いい加減な分析結果ではないはずだ。

たしかに環境破壊による健康被害や都市機能の低下、今後、予測される環境対策コストなどをすべて合わせれば、GDPがそのくらい目減りしてもおかしくはないだろう。そしてそれを裏付けるかのように、他の政府系機関でも同様の指摘をしている。

たとえば中国環境保護部傘下の環境計画院では「経済開発で生じた環境汚染は、毎年1兆3000億元の損失をもたらしている」という報告書を2011年に提出した。この金額は当時のGDPの4パーセント近くに相当し、中国社会科学院のものよりはやさしい内容になっているが、それでも環境汚染がＧＤＰを直撃するほどの大きな損失をもたらせているという点では完全に一致している。

怖いのは、これらの損失は企業の帳簿や政府の予算には反映されない「見えない損失」だということだ。このため、知らないあいだにツケが溜まっていき、ある日、急に支払いを要求されることになる。そしてそのことに、まだ多くの中国人は気づいていないのである。

環境汚染による「ＧＤＰの８パーセントに相当する経済損失」をわかりやすくするために、成長率の推移のグラフに線を加えてみた。すると、驚くことに２００８年以降、かなりの失速状態にあり、２０１２年からはマイナス成長に陥っているという計算になる。

また同じような「谷」は１９８０年代の後半にもあり、このころ中国国内の環境汚染が顕在化してきたのではないかという推測とも一致する。いずれにしろ環境問題のせいで中国経済はけっして万全ではなく、かなりの脆弱性をもっていることがはっきりしてしまうのである。

したがって、もしこのまま環境破壊を放置していった場合、見た目の経済成長は続けられたとしても含み損はますます拡大していく。そしてあとになって巨額なツケを支払えといわれて国家的な破綻を迎えるよりも、今から少しずつでも環境投資を続けて社会の健全化を図るほうが経済は安定するはずだ。

今後、共産党一党支配といった中国の特殊な政治体制がどうなっていくのかわからないが、

13億人もの国民を抱えるこの巨大な国家が大きな混乱もなく運営を続けていくには環境対策が欠かせない。そして公害をできるだけなくし、継続性のある社会を実現するには、毎年、数十兆円規模の出費は覚悟しなければならないというのが、さまざまな分析から導き出される結論である。

第3章

日本に訪れた大きなビジネスチャンス

2014年の日本経済界の大きなニュースに三菱日立パワーシステムズ株式会社の誕生がある。三菱重工業と日立製作所というまったく違うグループの中核企業が、それぞれ主力としてきた火力発電所のインフラ事業を統合し、新会社に移行させる。従来なら考えられない大胆な経営戦略だが、今後の世界市場の動向を見据えたとき、この選択が大きな意味をもつことがわかる。

日本の電力機器メーカーにとって長く主要顧客であった国内の電力会社は、すでに大規模な設備導入を終えているのに加え、東日本大震災後の原発停止によって経営環境は厳しく、積極的な投資は期待できない状況だ。これに対して世界の火力発電プラントの市況はまったく逆で、先進国が中心だった1980年代までと異なり、新興国そして一部の途上国へと飛躍的に拡大を続けている。このため、日本のメーカーにとってもビジネスの主戦場は海外へと移りつつあった。

しかし、この市場がなかなかやっかいだ。日本国内の電力会社のように「決まったものを決まったルールで買ってくれる」わけではないので、とにかく手間がかかる。

たとえば発電所の建設実績が少ない国では、エネルギー政策全般へのコンサルティングを含めた「手取り足取り」の支援が必要になるし、表も裏も混ぜたさまざまな政治手法を駆使できなければ契約には至らない。また導入される火力発電プラントも国の事情によって大から小までバラエティに富んだものになるので、「企業としての総合力」があり、なおかつ「製品や技術のラインアップが充実している」メーカーが圧倒的に有利だ。

そして現在、その条件にあてはまるのは先行しているゼネラル・エレクトリックとシーメンスぐらいだろう。したがって、これら二大巨頭と互角に戦っていくためには日本国内でも連合を組む必要があり、その答えが三菱日立パワーシステムズへの事業統合だったのである。

２０１４年２月に設立された新会社は期待に応えて火力発電プラントの受注を順調に増やしていった。この点において事業統合は正解だったのだが、もうひとつ、新たな強みを発揮した分野がある。それは環境ビジネスだ。同じ年の７月、電気集塵機で中国最大手の浙江菲達環保科技有限公司（ＦＥＩＤＡ）と合弁で環境装置専業の新会社を設立することが決まり、再び大きなニュースになった。

このプロジェクトがもつ意味は大きい。

中国で大気汚染源として問題となっているＰＭ２・５の約２割は石炭火力発電所から排出されるものだ。したがって、発電所における煤塵除去は最重要課題なのだが、現状では総出力約７億５０００万キロワットといわれる既存の施設の中にも環境対策が不充分なところが少なくない。さらに今後、年間*５０００万〜６０００万キロワットというハイペースで新しい発電プラントの建設が計画されており、こちらに設置する分も含めれば高性能の排煙処理システムはいくらでもほしいはずだ。

ＦＥＩＤＡは煤塵を除去する電気集塵機において中国国内シェアの40パーセントを占める大手であるものの、石炭火力発電所に必要なすべての環境装置を供給できるわけではない。そしてもちろん、今の中国にそれらを自主開発していく時間的な余裕はない。

一方、三菱日立パワーシステムズは母体となった三菱重工と日立製作所の環境対策技術を受け継いだことで世界でも有数の環境装置のトータルメーカーとなった。高性能の除塵システムでは日本国内シェア約9割と圧倒しているだけでなく、脱硝や脱硫装置などのラインアップも豊富にもっている。したがって、これらを組み合わせた総合的な排煙処理システムをＦＥＩＤＡの販路も利用しながら販売していければ、中国全土で環境ビジネスを展開していくことができるはずだ。

それだけでも相当の事業規模が期待できるのだが、さらに本業である火力発電プラントのビジネスにおいて「高性能の環境装置をセットで付けられますよ」「やはり同じメーカーの環境装置のほうがマッチングがよく安全です」といった合わせ技の営業が可能になり、市場における存在感は一気に増していくだろう。そしてこれこそが、日本の企業らしい「世界との戦い方」だと思う。

習近平体制の中国が環境対策に本腰を入れていけば、そこには巨額の投資が発生する。環境ビジネスで多くの実績がある日本のメーカーや商社にとっては大きなビジネスチャンスが到来したわけで、三菱日立パワーシステムズのこの分野への進出はその端緒なのではないかと期待されているのである。

＊年間5000万～6000万キロワット
日本国内の石炭火力発電所の総設備容量が3880万キロワットなので（2012年）、中国では今後、それを超える量の発電所が毎年建設される計画になる。そう考えると、環境分野を含めた「火力発電インフラビジネス」の大きさがわかるはずだ。

●「脱硝・集塵・脱硫」の総合排煙処理システム

発電所や工場などで発生する汚染物質を除去し、空気や水をきれいにしてから排出する一連の機器類を環境プラント（環境装置）という。最新の石炭火力発電所であればその大きさは「ボイラー＋発電機」の発電プラントと比べても引けを取らず、もはや補助装置ではなく主装

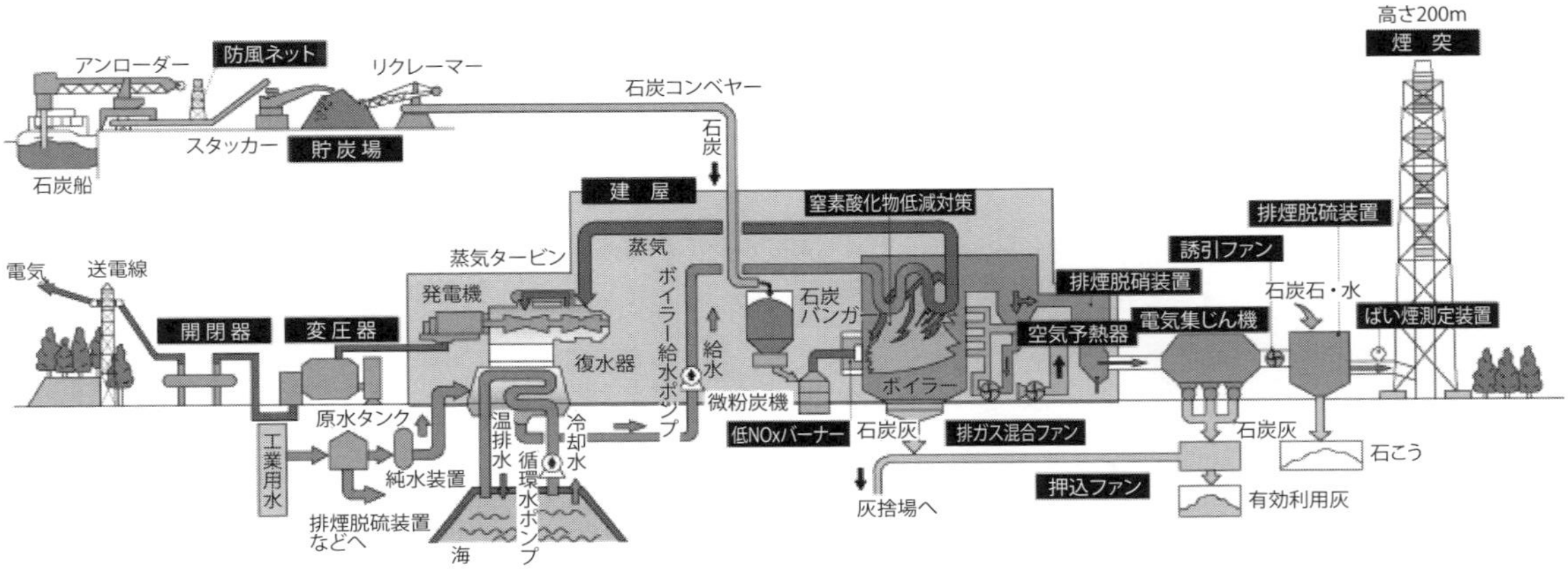

出典：九州電力ウェブサイト・火力発電所の概要（苓北発電所）

図26　石炭火力発電所の仕組み

置の一部だといったほうがいいくらいだ。
その仕組みは、次のようになっている。

【排煙脱硝装置】

ボイラーから出た排煙が最初に導かれるのがここで、燃焼によって発生した窒素酸化物を除去する。世界中の火力発電所で標準的に採用されているのがアンモニア接触還元法（SCR）で、排気中にアンモニアを注入し、250〜450℃で触媒を通過させることにより、無害な窒素ガスと水蒸気に分解していく。燃焼灰（煤塵）によって徐々に触媒の表面が汚れ、反応性が悪くなってくるので定期的な交換が必要で、そのコストも考えておかないと性能を維持することができない。

【電気集塵機】

次に設置されるのが電気集塵機（器）で、PM2・5を含む煤塵は主にここで除去される。仕組みとしては排煙に向かって放電することで含まれる粒子状物質を帯電し、逆の電荷をもった電極に引き寄せて集める方式だ。
集塵機にはいくつも種類があるが（コラム参照）、大量の排煙を処理する石炭火力発電所において電気式が用いられるのは、気流の妨げになるものが電極（放電極と集塵極）程度しかなく、最初の圧力を保ちやすいからだ。これを「圧力損失が小さい（少ない）」といい、たとえばフィルターを使う「圧力損失が大きい（多い）」集塵装置に比べると効率的に運用できる。また高い電圧をかけるものの電流は小さいため消費電力はそれほど大きくなく、この点も大規模なプラントには好都合である。なお、集められた煤塵は石炭灰*と呼ばれ、建材などとして再利用できるために販売される。

【排煙脱硫装置】

脱硝・除塵された排煙は最後に石灰石を溶かした水（石灰石スラリー）に接触させることで二酸化硫黄（亜硫酸ガス）を取り除く。そこに排気と外気から取り込んだ酸素を反応させると硫酸カルシウムが生まれるのだが、これはいわゆる石膏であり、工業原料などとして利用されるので商品になる。

なお、脱硝装置も脱硫装置も排煙を液体に接触させるため、後述する湿式集塵機と同様の作用があり、この段階でも煤塵は捕集・除去されていく。

これらの装置を通過した排気は最終的に測定装置によって調べられ、すべての汚染物質が基

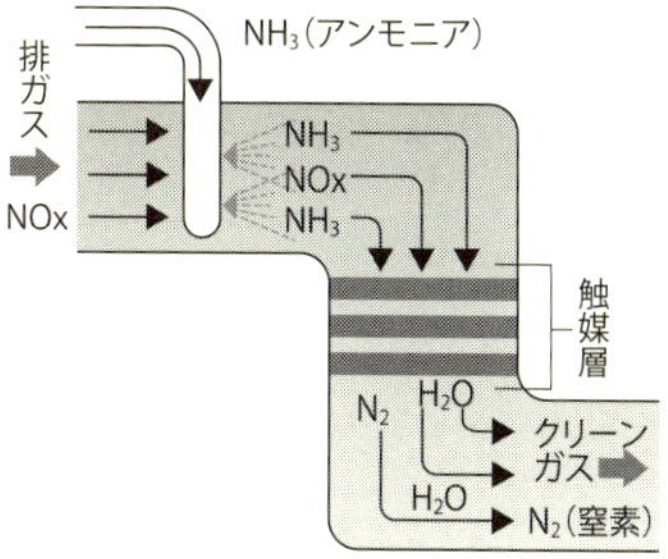

排煙脱硝装置の仕組み

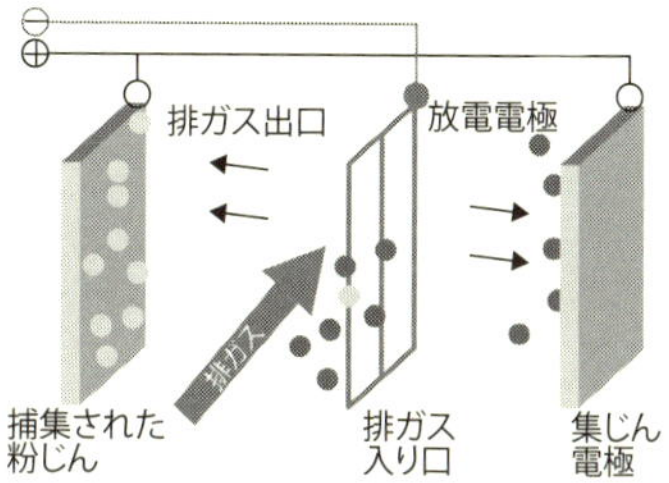

電気集塵機の仕組み

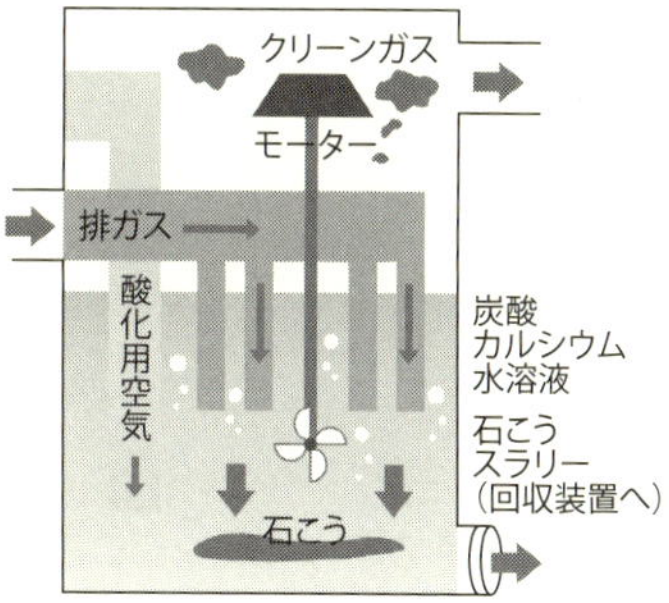

排煙脱硫装置の仕組み

出典：沖縄電力ウェブサイト

図27　発電所の環境装置例

準値以下であることが確認されると、あとは煙突を伝って上空に放出される。このとき出てくるのは、残りの空気成分と二酸化炭素、水蒸気くらいであり、そのため環境装置が完備している日本では工業地帯における大気汚染問題はほとんど発生していない。

脱硝・集塵・脱硫の各装置はそれぞれ簡単な化学反応や物理反応を利用するものだが、巨大な発電プラントと組み合わせて効率的に排煙の処理を行うには膨大なノウハウが必要になり、新たに参入するのは簡単ではない。たとえば、先ほど紹介した三菱日立パワーシステムズの総合排煙処理システムでは各装置の組み合わせを最適化していくことで汚染物質の除去性能を高めている。さらに二酸化炭素を回収する脱炭設備を加えることで地球温暖化対策にも対応できるようにするなど、将来のニーズにも応えられるのが特徴だ。

中国の状況に目を向けると、石炭火力発電所など大気汚染物質の固定発生源（要するに自動車以外という意味）の環境対策として2004年に硫黄酸化物への規制が始まり、2008〜2009年に脱硫装置の設置が進んだという。現在、8割以上の施設には完備されているようだが、それでも100パーセントではないところが先進国との違いだろう。

脱硝装置についてはかなり遅れていて、2012年にようやく規制が始まったばかりだ。実際の設置作業は2014年夏以降なので、まだ膨大な需要がある。

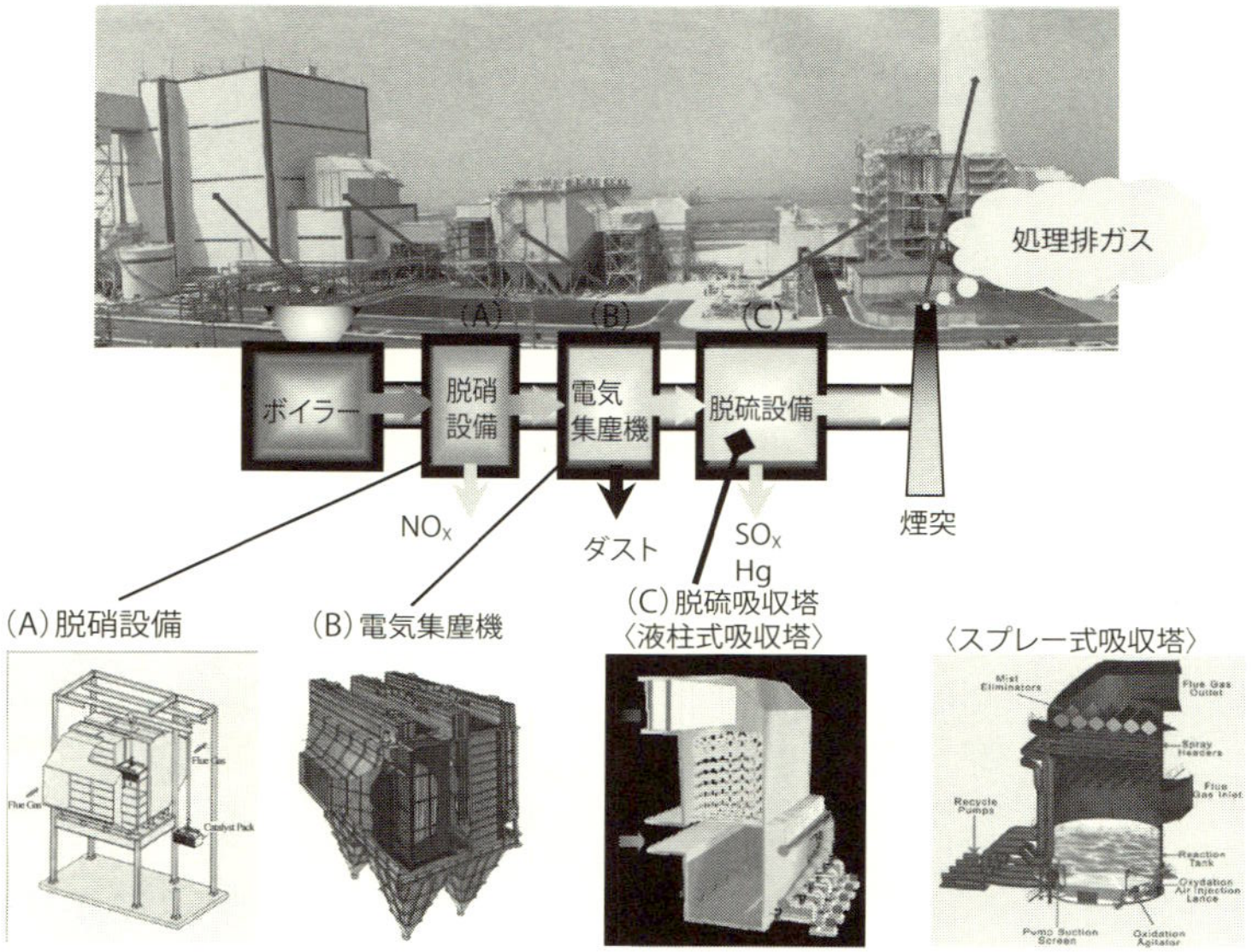

出典：三菱日立パワーシステムズウェブサイト

図28　三菱日立パワーシステムズの総合排煙処理システム

集塵機については1980年代から少しずつ導入され、現在、電気式のものが約8割、その他のものが約2割と数字の上では「完備」されているのだが、問題はその性能だろう。現状において発電所由来と思われる粒子状物質によるスモッグが多く発生しているところをみると、先進国並みのレベルに達するまでには、まだ多くの設備投資が必要なようだ。*

*石炭灰
石炭灰のリサイクル用途は、九州電力の資料によるとセメント・コンクリートが53パーセント、土木が25パーセント、土地造成が21パーセントとなっている。そのまま販売するのではなく、粒子の大きさや成分ごとに分類したり、充填剤や吹付けコンクリートなど付加価値のある製品に加工してから出荷することで収益性を向上させている。もちろんこのような経営ノウハウも環境対策に歴史のある先進国だからできるもので、新興国ではその部分を含めて導入したいと考えているはず。

*多くの設備投資が必要
2014年には電気集塵機の契約台数が他のすべての国の総量を上回ったという報告もある。石炭火力発電所の増え方をみれば納得できる話ではある。

コラム PM2・5を除去する集塵機の基礎知識

石炭火力発電所で主に用いられる電気集塵機は、排気の通るところに放電極と集塵極を並べただけのシンプルな構造をしている。このため「中国でも簡単に真似してしまうのではないか?」と心配する人がいるかもしれないが、そうはいかない。煤塵を効率よく集めるにはさまざまな技術とノウハウが必要になってくるからだ。たとえば電極の最適な配置や電圧のかけかた、汚染物質ごとの最適な化学的な処置の仕方など、どれをとっても一朝一夕には完成できない。もちろん、設置対象となる火力発電プラント(あるいは工場の製造プラントなど)の規模や形式、使う燃料の品質などによっても細かい対応が必要になるので、そういう意味でも実績がものをいう世界だ。

そして日本は、この分野でも早くから研究と開発を進めてきた。たとえば日立製作所では1924年(大正13年)から製品化を始め、翌年にはセメント工場向けに納入している。つまり、その歴史は90年を超えているわけで、1980年代以降に、急遽、必要となった中国との時間差はそう簡単に埋まるものではないだろう。

環境装置の場合、自動車や電機製品のように「今はまだ経済力がないので性能の低い製品でがまんしよう」という発想は成り立たない。導入するからには国際基準に合わせたものを選択するしかないわけで、そういう意味では先行する先進国のメーカーが圧倒的に有利だ。

なお、電気式以外の集塵機としては次のようなものがある。大規模な発電所以外ではさまざまな用途があるので、これらのラインアップを揃えることも環境ビジネスを優位に進めるポイントのひとつである。

【重力式】

もっとも簡単な集塵装置で、排気を水平方向に導くことにより大きな煤塵などを重力によって下に落としていく方式。構造が簡単で圧力損失がほとんどないうえ高温の気体にも対応できるので応用範囲は広いが、ＰＭ２・５などの細かい粒子は捕集しにくいので、大規模なプラントでは集塵工程の前処理に用いられることが多い。なお、排気を壁などの障害物に当てることでさらに集塵効果を高められるが（これを慣性力式集塵装置という）、その分、圧力損失は大きくなる。

【遠心力式】

サイクロン式の掃除機などに用いられている方法で、漏斗のような下すぼみの構造の中に内壁に沿って螺旋状に排気を降下させると、遠心力によって壁に押しつけられた粒子が下の捕集箱に集まる。高温・高圧で使用できるため多くのプラントに向くが、装置が大きくなると集塵効率が低下するので小型のサイクロンを複数並列したマルチサイクロン方式が採用される。

【濾過式】

フィルターを使う方式のことで、家庭用掃除機などでは主流。ただし布や不織布製のものは高温には向かないので燃焼後の排煙処理にはセラミックフィルターが用いられる。捕集効果は大きいが、濾過するためには高い圧力が必要なうえ、目詰まりを防ぐために定期的に堆積した粒子を払い落とす必要があり、石炭火力発電所のような大規模なプラントには不向き。なお、濾過式による捕集はフィルターそのものの構造によるものよりもそこに堆積した粒子によるもののほうが大きい。つまり先に溜まった「ゴミ」がフィルター代わりになっていくわけで、このためフィルターそのものが想定する分離可能な粒子よりも細かいものまで捕集できることが多い（PM2・5の既定で粒子径が概ね2・5マイクロメートル以下と「以下」が付くのはこのため）。

【湿式】

タバコの水パイプのように液体によって粒子を捕集する仕組み。他の集塵機に組み合わせて使われることが多い。

●日本の火力発電所は世界一クリーン

日本人はどうも謙虚すぎるのか、環境技術において欧米に遅れをとっていると思い込んでいる人が少なくない。特にヨーロッパへの信奉は強く、「環境先進国であるドイツを見習え」といった主張は大手メディアでもよくみられるほどだ。

しかし、さまざまなデータをみる限り、日本の環境技術は欧米を完全に凌駕している。おそらく書き手のほとんどが政治や経済に詳しくても技術面に疎いため、イメージだけで記事をつくってしまうのだろうが、このあたり、もう少し事実に沿った論調をお願いしたいものだ。

日本の「環境技術の高さ」をもっとも端的に証明してくれるのが火力発電所である。

大気汚染物質としてPM2・5以上に危険性の高い硫黄酸化物と窒素酸化物がどのくらい排出されているかについて調べた国際比較では、日本の発電所は飛びぬけて少ないことがわかる。たとえば硫黄酸化物はドイツの3分の1、フランスの6分の1と圧倒しており、技術力の差は歴然だ。

大気汚染対策に熱心なアメリカが、比較的、この分野に寛容なのは、国土が広いので、ひと

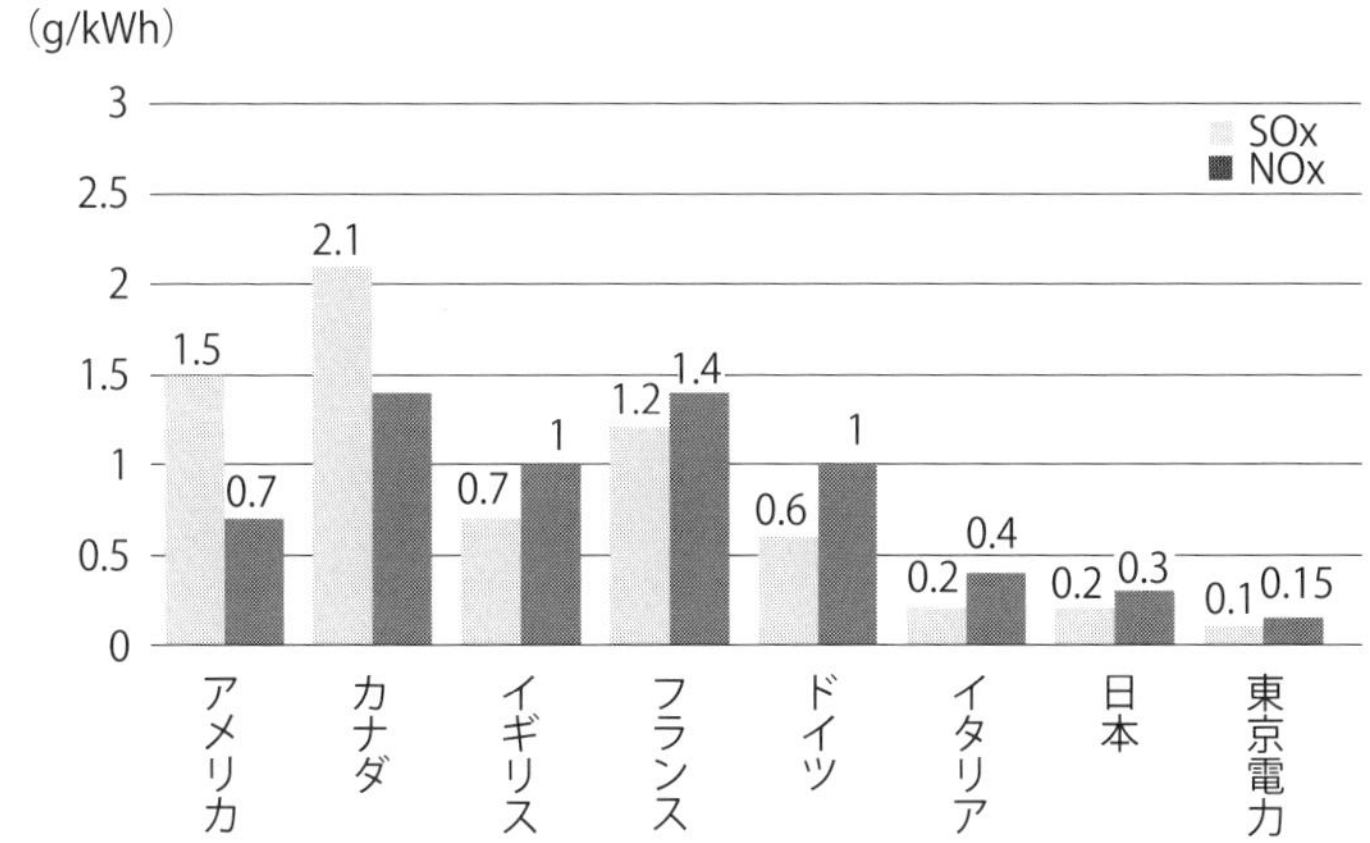

出典：2013年度東京電力環境指標実績報告（排出量：OECD.StatExtracts、発電電力量：IEA ENERGY BALANCES OF OECD COUNTRIES 2013 EDITION）

図29　火力発電所のSOx、NOx排出量の国際比較

つひとつの発生源にそれほど神経質にならなくても済むからだろう。カナダはもっと人口密度が低いのでこのレベルでも許されているのだと思うが、ただ、日本人のもつ「自然[*]を大切にする国」のイメージとは少しずれているように感じる。

ちなみに、日本の火力発電所の環境性能がいつごろから世界のトップになったのか調べてみると、早くも1970年代後半には今のドイツを上回るレベルに達していたことがわかる。つまり、40年近く先行しているわけで、そう簡単に追いつけるものではない。

石炭火力発電に関する技術力の比較として、もうひとつ、国ごとの発電効率

（熱効率）の推移についても紹介しておこう。それによると、日本はすでに1990年代初頭には40パーセント近い孤高のレベルに達し、以来、先頭を走り続けている。しかもその地位に甘えることなく、最近でも新たな発電方式*の導入などによって数字を伸ばしているのだから、驚きだ。

それに比べると、欧米先進国は35パーセントを少し超えたところに留まり、この20年間、大きな進歩はみられない。そのため、最近になって急上昇してきた中国やロシアに追いつかれ、ほとんど差がなくなっている状況だ。

その他、多くの新興国が徐々に効率を高めていくなかで、気になるのはインドの低迷ぶりである。おそらく古い設備が今でもたくさん残っているからなのだろうが、これは次の章で触れるこの国の環境問題の厳しさにつながる話だけに、頭に入れておいてほしい。

これらのデータからいえるのは、火力発電に関して日本は総合的な技術をもち、しかもどれもが高い水準にあるということだ。そして、効率のいいすぐれた発電プラントに最高性能の環境プラントを組み合わせることで世界一クリーンな石炭火力発電所を実現してきた。これは日本だけが到達した最高地点といえる。

問題があるとすれば、日本人自身がその実力に気づいていないせいか、有効なアピールをしてこなかったことだ。このため、せっかくの技術力の差を「環境ビジネスにおける競争力」と

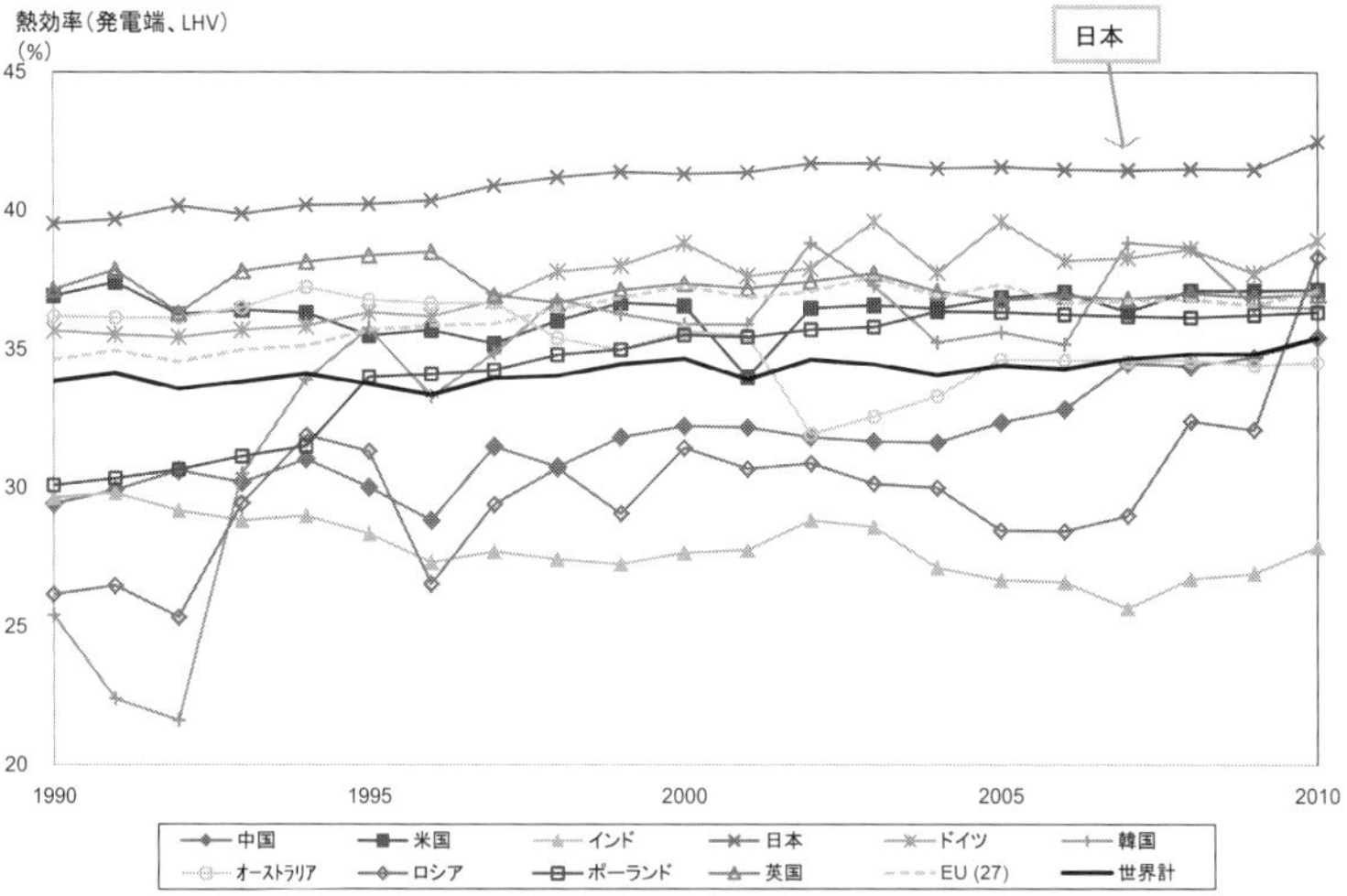

（IEA, Energy Balances: OECD and Non - OECD Countries, より試算）

出典：「石炭をめぐる現状と課題」（資源エネルギー庁）

図30　石炭火力発電の技術水準（熱効率）の国際比較

して活かしきれていない。これは大変に残念だと思う。

日本が環境ビジネスの市場において攻めの姿勢に出るということは、すぐれた技術が世界中に広がっていくということだ。つまり地球全体の環境を守るのと同じなのだから、もっと積極的にビジネスを広げていっていいと思う。

＊自然を大切にする国
カナダは広い国土の割に人口が少ないので「自然があふれている国」ではあるが、狭い国土に多くの人が住む日本やヨーロッパとは、そもそも環境政策の基本的な方針が違う。なので、と

きどきみられる「日本も自然大国カナダに学べ」といった発想は完全にお門違いである。

＊新たな発電方式の導入
ボイラーの蒸気温度を600℃まで高めた超々臨界圧（USC）発電など。さらに今後はすでに先行開発が始まっている蒸気温度700℃の先進超々臨界圧火力発電（A－USC）や、まったく新たな発電方式である石炭ガス化複合発電（IGCC）、石炭ガス化燃料電池複合発電（IGFC）と、日本は常に世界の最先端に挑戦し続けている。

●日本の先端技術が世界の環境を守ってきた

石炭火力発電所と並んで大気汚染物質の大きな発生源となっているのが自動車だ。そしてこの分野でも日本は常に先進的な研究・開発を続け、環境負荷の低減に努めてきた。そんな輝かしい歴史の幕開けとなったのが、1972年に登場したホンダのCVCCエンジンだろう。

1960年代、自動車の急増に伴う深刻な大気汚染に悩んでいたアメリカが世界に先駆けて大気浄化法を制定したことはすでに述べた。そして1970年になり、上院議員のエドムンド・マスキーの提案によって生まれたのが改正大気浄化法、いわゆるマスキー法である。そこで決められた内容は次のようなものだった。

- 1975年以降に製造する自動車の排気ガス中の一酸化炭素と炭化水素（煤塵など）の排出量を1970〜1971年型の10分の1以下にする。
- 1976年以降に製造する自動車の排気ガス中の窒素酸化物の排出量を1970〜1971年型の10分の1以下にする。

つまり、自動車メーカーは約5年間で環境性能を10倍にしなければ、以降、販売を認めないというのだから、大混乱に陥ったのはいうまでもない。

今でこそ「自動車の排気ガス規制の教科書」といった採りあげ方をされることが多いマスキー法だが、議会に提出された段階ではどれほど現実的なプランだったのか、疑問が残る。正直言って「技術オンチの議員が人気取りのためにぶちあげた根拠のない法案」という印象がぬぐえない。なぜなら、たった5年間で機械の性能を10倍にするなどというのは、常識的にはありえない話だからだ。

アメリカの主要自動車メーカーであるビッグ3も、当然、そう考えた。このため、法案が発表されるやいなや「実現は絶対に不可能」として撤回を迫る。そうやって粘っているうちに、なし崩し的に廃案になると信じていたようだ。

ところが、わずか2年後に奇跡が起きる。日本のホンダがCVCCエンジンという画期的な技術によってこの条件をクリアしてしまったのだ。さらに翌年にはマツダも「ロータリーエンジン+サーマルリアクター*」の組み合わせによってこれを実現したことで、マスキー法は夢から現実になり、生き残る。

そのころまで、日本の自動車メーカーはそれほど強い競争力をもっていたわけではなかった。アメリカ市場における日本車の評価は「安くてそこそこの性能の自動車」といった程度で、セカンドカーやサードカーとしての需要が中心だ。

しかしこの件をきっかけに評価は大きく変わっていく。技術力の高さが知られるようになり、アメリカ市場におけるシェアは飛躍的に高まっていった。そして1970年代半ばにオイルショックが起きると、圧倒的な燃費のよさを誇る日本車は、ヨーロッパを含めた世界市場を席巻していくのである。

日本の自動車メーカーに対する評価を一変させたホンダのCVCCエンジンは、画期的な技

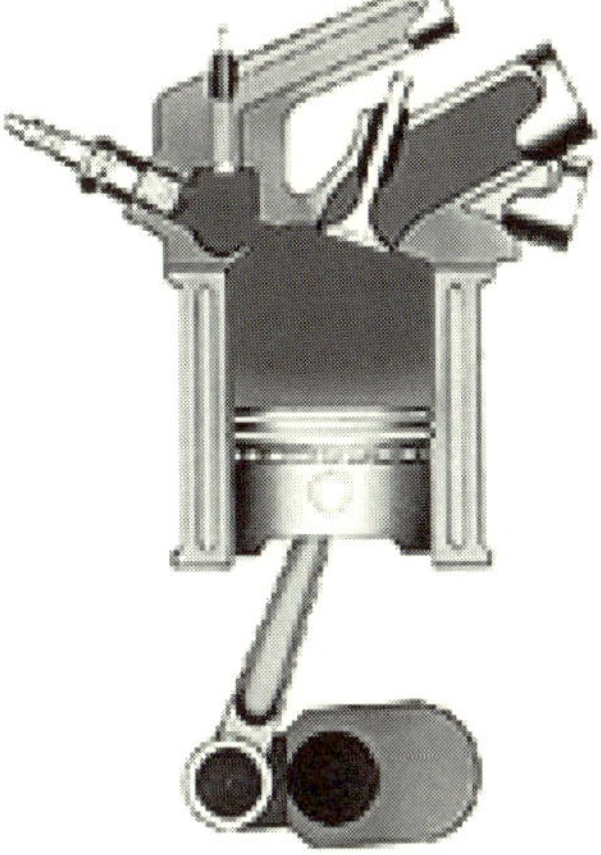

出典：本田技研ウェブサイト

図31　ホンダCVCCエンジン

エンジンは燃料の少ない希薄な混合気を燃焼させれば排気ガス中の有害物質を減らせるが、うまく点火できなければ燃料に含まれる物質をそのまま排出してしまうので燃費も環境性能も著しく悪くなる。そこでホンダのCVCCでは燃焼室の手前に副室を設け、そこで濃い混合気を燃やしてからその火を主燃焼室の薄い混合気に広げていくシステムを完成させた。

術革新の象徴として今でも自動車史に燦然と輝いている。搭載第一号となった「CIVIC CVCC」は、2000年、アメリカ自動車技術車協会の月刊機関誌『Automotive Engineering』において20*世紀優秀技術車の1970年代部門でトップに選ばれ、その10年間に登場したすべての技術の中でももっともすぐれていたものとして認められたのである。

　ところが、そんな「偉大な発明」であるCVCCエンジンも、今はまったく使われていない。触媒技術やエンジン本体の燃焼技術の進歩により、このようなトリッキーな方法でなくても排気ガスの浄化が可能になったからだ。

現在、自動車の排気ガスの浄化は、主に3つの系統の技術によって行われている。ひとつめは触媒技術で、プラチナ・パラジウム・ロジウムといった金属を用いた三元触媒と呼ばれる装置により排気中の炭化水素、一酸化炭素、窒素酸化物を還元あるいは酸化させて浄化する。触媒となる金属はどれも高価なものだが、技術革新によって使用量はかなり少なくなっているのに加え、リサイクルも可能なので、そのコストはわずかだ。

もちろん、どんなにすぐれた触媒装置があっても処理前の排気に有害物質が多く含まれていれば環境基準はクリアできない。したがって、三元触媒に加え、主に硫黄酸化物の低減を目的とした燃料の高品位化（精製技術の向上）と、総合的な燃費の改善（燃焼効率の向上）という3系統の技術が揃うことで、自動車の排気ガスは初めてクリーンになったのである。

それにしても、1970年には絶対に不可能だと思われていた汚染物質の排出規制を、今では通常型のエンジンで、軽々、クリアしているのだから、技術開発の成果としては、むしろこっちのほうがすごいのかもしれない。そしてもちろん、新技術の多くは日本人の手によるものであり、自動車の環境技術においても日本は40年以上世界をリードし続けている。

＊サーマルリアクター

二次空気導入装置ともいい、排気管に新鮮な空気を噴射することで完全燃焼させ、大気汚染物質の発生量を減らす。

＊20世紀優秀技術車

他にも「日本の排出ガス低減技術を世界のトップに引上げた歴史的な機械」という功績により日本機械学会の機械遺産にも認定された。

●中国市場で日本車は強みを発揮できるか？

高度な排気ガス浄化技術と燃費のよさという総合的な環境性能によって日本車は欧米市場では高い競争力を誇っているが、残念なのは、今や世界最大規模となった中国の乗用車市場において優位に立ってはいないということだ。たとえば乗用車の販売台数のデータをみてみると、日本車のシェアは約15パーセントで、アメリカ車や韓国車よりは多いものの、ドイツ車には5ポイントほど引き離されている（2014年9月）。

その理由について、昨今の日中関係の悪化に伴う日本車の買い控えが原因だという人がいるが、これは本質的な問題ではないように思える。なぜなら、自家用車が買えるほど経済力のある中国人は政府の反日キャンペーンに左右されるような階層ではないからだ。政治よりも、自分たちがどれだけいい買いものをして「得ができるか」に関心があるのだから、日本車のコストパフォーマンスが高いと思えば避ける理由はあまりみつからない。

それでは、なぜ日本の自動車は中国市場で伸び悩んでいるのか？ 考えられるのは、強みのひとつである環境性能の高さが市場拡大の切り札になっていないからだ。

中国では裕福な層は欧米製の高級車に走る傾向があり、「燃費や環境性能よりも見栄えのよさ」が商品を選ぶときのポイントになっている。これは日本でもバブル期*にはよくみられた現象なので、感覚的にはよくわかる。要するに今の中国は、そういう歴史の途上にいるということだろう。

一方、安い自動車ならなんとか買えるような中間層と呼ばれる人たちは、まだ高い性能を求める段階にはなく、国産車や韓国車に走るか、型式の古い中古車で我慢する。整備にも燃料にもできればお金をかけたくないので、当然、環境問題には関心が低い。

つまりこの2つの主要な消費者層をみるかぎり、日本車の入り込む市場が、充分、形成されているとはいえないのである。

もっとも、この点に関していえば、日本のメーカーが戦略を誤ったとの指摘もある。日本車は環境性能にすぐれているだけでなく、高品質で丈夫なところが世界中で評価されているにもかかわらず、中国市場に向けてのアピールが足りなかったため、購買衝動に繋がる有効なイメージを構築できていないというのだ。

これに対してドイツのメーカーは早くから市場開拓を進め、イメージ戦略にも力を入れてきたので「高品位で高級」というブランド性を確立できた。それどころか環境性能についても繰り返し宣伝してきたせいか、今の中国の消費者の多くは「ディーゼルエンジン＋ターボチャージャ*」というドイツ車のパッケージがもっともすぐれたエコカーだと信じ込んでいるそうだ。このあたり、やはりヨーロッパ人はイメージづくりがうまいと感心してしまうし、日本人が見習わなければならない分野だと思う。

スタートダッシュに失敗した日本の自動車メーカーだが、今後、本格的に進められる中国の環境政策を追い風にできれば、まだまだ形勢逆転のチャンスはある。そのきっかけになりそうなのが補助金だ。

中国にも日本のエコカー補助金に似たような制度があり、２０１０年６月にスタートしたときには排気量1600cc以下で一定の燃費基準を満たした普通車を対象に、1台あたり3000元（当時のレートで約5万円）が支給されることになった。その効果は大きく、以降、販売される自動車の半数以上がこのクラスになったという。

排気量の小さな自動車への誘導に成功した中国政府は、続いて2011年10月には燃費の基準を厳格化し、補助金支給の対象となる車種を絞ってきた。この段階になると中国メーカーの製品の中には基準をクリアできないものも出てきたので、徐々に淘汰が進んでいく。そして2013年10月には汚染物質の排出基準もエコカー補助金制度に組み込まれ、補助金制度は大気汚染の解決を目指す政策と完全に一致していった。

もっとも、読者の中には「遅すぎる！」と感じる人もいると思う。たしかに、2013年には中国の各地で記録的ともいえる高濃度のスモッグが頻発し、大問題になった。それなのに、ようやく秋になって大気汚染物質の排出量を「エコカー」の規定に加えるなんて、中国の環境対策はあいかわらず遅い……と呆れられるのも仕方がない。

しかし、この決断がそんな簡単なものではなかったことも知ってほしい。エコカー補助金の対象車の規定に大気汚染に関する項目が加わることで中国車の多くがはじき出され、ほとんど外国メーカーのものになってしまう。つまり、政府にとっては自国の自動車産業を切り捨てるかたちにもなるのだから、苦渋の決断だったと思う。

そして、国策上のマイナス面を覚悟しながら大気汚染問題の解決への道を探ったあたりに、習近平体制の「本気」をみたような気がするのである。


そしてここに来て、日本のメーカーもようやく本気の攻めをみせるようになってきた。性能の高さをアピールするだけでなく、現地で人気のある豪華な内装を施した「中国市場専用車」を多数投入することで、シェアの拡大を目指し始めたのである。

そんな日本の自動車メーカーにとって、市場拡大の次のステップになりそうなのがハイブリッド車（ＨＶ）と電気自動車（ＥＶ）だ。ハイブリッド車は、まだ割高であるため中国市場では苦戦しているものの、環境性能云々をいわなくても燃費は圧倒的にいいのだから、時間さえかければ人気は高まっていくはずだ。

それを確実に感じているのがトヨタ自動車で、２０１５年中にはハイブリッド車プリウスの主要部品を中国国内で生産開始すると発表した。現地調達に切り替えることで価格を抑え、市場を一気に拡大していこうという戦略だ。さらに向こうで人気の高いカローラにもハイブリッドユニットを搭載していく計画があり、この分野のトップ企業らしい戦い方を始めている。

一方、日産自動車は中国の拠点である東風日産乗用車公司で２０１４年10月から電気自動車の販売を開始した。現地ブランドのヴェヌーシアで初のＥＶとなる「ｅ30」は日産が日本で発売しているリーフをベースに開発されたもので、ランニングコストが中国で販売されている同クラスのガソリン車の約７分の１となるのが最大のセールスポイントだ。今後の計画では２０１８年には販売台数を５万台に伸ばし、中国のＥＶ市場で20パーセントのシェアを確保する計画だという。

原油の価格が多少下がったとしても、「輸入に頼るようになった石油よりも国内でまかなえる石炭をできるだけ利用したい」というのが中国の基本的なエネルギー戦略である。したがって、石炭火力発電所が生む電力で走ることのできる電気自動車は、ぜひ普及させたいアイテムだ。このあたり、大量の石油を輸入してもちゃんと経済が回っていく日本とは、やはり事情が異なる。

そんなことから、中国政府は２０１２年に「２０１５年までにＥＶとＰＨＶ*（プラグイン・ハイブリッド車）を50万台、２０２０年までに５００万台普及させる」という大それた目標を掲げた。残念ながら電気自動車もプラグイン・ハイブリッド車も量産が予定より遅れたため、現状では７万台規模に留まっているようだが、それでも一党独裁の計画経済の国だけに、「２０２０年までに５００万台」の実現に向けて、優遇政策はさらに加速するはずだ。すでに地方政府によっては1台あたり100万円近い補助金を出すところがあるほか、車体価格の1割にあたる自動車購入税を免除するといった政策も実施されているそうで、とにかくあらゆる手を使って「石油を消費しない」自動車の普及を進めている。したがって、その波にどれだけ乗っかっていけるかが日本のメーカーにとっては大きな勝負どころになるのではないだろうか。

＊バブル期にはよくみられた現象
世界でもっとも高品位の自動車をつくる日本において、故障の多いイタリアの高級車がバカ売れしたりした現象。もっとも、こういう突拍子のない消費行動があるから世の中はおもしろいのだが。

＊ターボチャージャ
もっとも、ドイツ車に搭載されるターボチャージャの多くは日本製なので、そこでビジネスにはなっているのだが……。

＊PHV（プラグイン・ハイブリッド車）
トヨタは日本市場でもハイブリッド車で、ある程度のシェアを確保してから、PHVをラインアップ

に加える戦略をとってきた。これは、充電用のインフラが整備されるまでの時間を考慮してのことだろうが、中国でも同様の方法で市場拡大を目指しているように思える。実際、ＥＶもＨＶも、まだあまり認知度のない状態でＰＨＶを投入しても意味はない。

●環境ビジネスで活気づく日本の製造業

石炭火力発電所と自動車に関する環境技術は中国が大気汚染を解決していくうえで欠かせないものであり、得意とする日本にとっては大きな市場を開拓できるチャンスがある。しかしそれ以外の分野でも、新たな環境ビジネスの可能性は無数にあるといっていい。

たとえば大気汚染関連だけに絞っても、次のような分野では成長が期待できる。

電機製品…………空気清浄機・エアコンなど
生活用品…………フィルター付きマスクなど
健康・医療…………検査・治療機器、健康管理・指導ノウハウ、行政アドバイスなど
環境政策支援……コンサルティング、検査・分析（機器と実務）など

空気清浄機とエアコンは日本のメーカーが技術的に強いが、自動車と似ていて、性能の高さを正しくアピールできなかったことから、ローテクな中国製品やシンプルなヨーロッパ製品の後塵を拝してきた歴史がある。しかしここに来て、日本も徐々に巻き返しを図ってきた。

たとえばパナソニックは現地法人の広東松下環境系統で空気清浄機の開発と生産を続けてきたが、2014年8月には中国市場専用の高級機種の発売を開始した。1台約11万円という価格は中国人の平均年収がいまだに30万円程度であることを思えば破格だが、「PM2・5濃度をカラー表示する機能」を付けるなど富裕層にターゲットを絞った商品づくりをすることで市場は開拓できると考えたようだ。

同じ路線はシャープも進んでおり、やはりPM2・5を感知できるだけでなく、消臭・除菌効果があるプラズマクラスターイオンを発生させる機器を投入している。売れ筋は日本円で6万円以上する高級機タイプだそうだ。

中国における空気清浄機の販売台数は、毎年、倍々ゲームで伸びており、2014年度には年間349万台に達する見込みである。それだけに、日本からも大小合わせて10社以上が参入しており、熾烈な戦いが展開されている。

PM2・5による空気清浄機への特需は部品や素材をつくる日本のメーカーへも恩恵をもたらせている。たとえば中核部品となるフィルターを製造している東レでは2015年度上期中に中国における生産能力を倍増させる計画を発表した。驚くのはこのニュースが主にファイナンス系のメディアで大きく採りあげられたことで、つまり株価に影響するほどの規模のビジネスになるということだろう。そういえば、中国では信頼度の高さから日本製のマスク*も売れており、関連銘柄であるダイワボウや日本バイリーン、日清紡などの株価にも注目が集まった。

その他、大気汚染による健康被害も深刻になっていると考えられることから医療分野への投資も増えるはずで、この点でも日本の企業は多くのビジネスを展開できる。

環境政策支援の分野で確実に日本が有利なのは、さまざまな測定機だ。性能面で高い信頼があるだけでなく豊富なラインアップを誇っており、グローバルスタンダードとして世界中で利用されている機器も多い。

そんななか、積極的に中国への進出を進めているのが電子機器大手の浜松ホトニクスだ。高性能のPM2・5測定器はすでに数多く輸出されているそうだが、加えて2014年2月からは河北省廊坊市の工場に約10億円かけて生産工場を新設し、測定器の現地生産を始めている。2015年末までに全国1500カ所に設置する計画があるそうで、事業規模はかなり大きいものになりそうだ。

＊マスク
不織布を使ったちゃんとしたマスクはＰＭ２・５など粒子状物質の吸引量を減らす効果があるが、気体である硫黄酸化物や窒素酸化物は防げない。このため中国の大気汚染対策としては万全ではないのだが、目に見えるほどのスモッグへの対抗手段としてしては他に方法がないせいか、現地でも飛ぶように売れているという。

●中国の環境志向が世界の経済地図を塗り替える

中国における新たな環境への投資はさまざまなかたちで日本企業のビジネスにつながってくるが、一方で環境コストの上昇により別の動きも生じてくる。それは、中国に集中していた生産拠点の分散だ。

いうまでもなく中国は人件費と環境対策費をとことん抑えることで「安い製品を大量につくって世界中に売る」というビジネスモデルを確立し、成功させてきた。現在、工業生産高では世界の20パーセントほどを占め、アメリカを上回ってトップにある（日本の約2倍）。

ところが経済成長が進むことで人件費は高騰し、上昇率は年間20パーセントにも及ぶという。このため、すでにビジネスモデルは破綻しつつあり、中国に工場をもつ日本企業の中には

「２０２０年ごろには中国で製品を生産するメリットはまったくなくなる」と断言するところまであるほどだ。つまり、あと5年ほどの寿命しかない。

そんな動向に敏感なのがユニクロ・ブランドを展開するファーストリテイリングで、中国の安い生産コストを最大の強みとして成長してきたにもかかわらず、このところ積極的に他のアジア諸国へのシフトを進め、現在ではベトナム、バングラデシュ、インドネシアに製造拠点を置いている。さらに２０１４年６月にはインド*への進出を発表した。同じような動きはＺａｒａ、ＧＡＰ、マーク&スペンサー、ラルフ・ローレンといったファッションブランドでもみられ、どうやら、コストを重視する産業から順に中国離れが進んでいるようだ。

今後、大気汚染対策などのかたちで中国の環境投資が拡大し、人件費に続いて環境コストも上昇していくと、このような現象を加速させる可能性が高い。生産設備を稼動させるまえに多額の設備投資と長い時間がかかる重工業系のメーカーでは、すでにそんな変化を見込んで新たな拠点探しを始めている。その対象としては、ベトナムやインドネシアなどの東南アジア諸国、インドやバングラデシュなどの南アジア諸国、そして将来的な候補としては南米やアフリカの一部の国が挙げられているが、最近では日本への回帰を模索する企業も増えてきた。たとえばパナソニックでは中国で生産し、日本に逆輸入していた洗濯機や電子レンジなど家電製品約40種類について、2015年春から日本国内にある工場で生産する方針を固めたと報じられている。その他、*日産自動車、ホンダ、ダイキン、キヤノンなども生産の一部を国内の工場に切り替えていく計画だという。

　工場の日本への回帰は国内の雇用拡大につながるので喜ばしいことだが、ただ、このような動きが中国の製造業の空洞化につながるのかというと、そうではないような気がする。中国の場合はすでに国内に巨大な市場が形成されており、経済力の拡大によって豊かな購買層も増えつつある。もちろん、外資系メーカーの工場が撤退することによるマイナスはあるが、市場の大きさがそれを吸収していくと考えられるからだ。中国政府も「中国で消費されるものはできるだけ中国国内で生産する」という方針は曲げていないので、すべての工場がこの国からいなくなるわけではない。

　逆に、このまま環境コストをかけずに大気汚染や水質汚染がより進んでしまえば、中国製品への不信感は高まり、国外で大きな市場を失う。そのほうが問題だということに、彼らもようやく気づき始めたということだろう。

　ただし、不安なのは、この国のことだけに、どこで方針が逆戻りしてしまうか、先の展開が合理的に予測できないという点である。

＊インドへの進出
これは単に安い人件費を求めてのことだけではなく、今後、大きな成長が見込めるインド市場への足がかりという意味もある。

＊日産自動車、ホンダ、ダイキン、キヤノン
日産は日本国内の年間生産量を10万台以上増やし、ホンダは原付バイクの生産を熊本工場に移し、ダイキンはエアコン25万台の生産を中国から日本に変え、キヤノンは日本国内の生産比率を２０１３年の40パーセントから50パーセントに増やす方針だという。

●環境投資は工業分野だけに留まらない

大気汚染、特に高濃度のスモッグはわかりやすい環境破壊であるうえ、万人に影響するので行政的な対応が急がれる分野だ。だからこそ、中国でも解決に向けての動きが活発になり、火力発電所や工場、自動車などへの環境投資が進みそうだ……というのがここまでの話の概要である。

しかし、問題なのは空気だけではない。外に放出された汚染物質は、やがてさまざまなかた

ちで下に落ち、水や土を汚していく。そしてその影響は人々の生活に及ぶだけでなく、中国にとって工業と並ぶ重要産業である農業にも及ぶはずだ。

実は、大気汚染がひどくなった段階で、中国の農業はすでに深刻な被害を受けている。日本のメディアの報道によると、北京市の郊外ではスモッグによる日照量の低下により、小麦の生産量が前年比15〜20パーセントも減少したケースがあったという。中国最大の穀物生産地である黒竜江省、吉林省、遼寧省の東北3省でも大気汚染による収穫への影響が急速に深刻化しており、国内総生産（GDP）の約1割を占める農業への影響が懸念されているそうだ。

それに加えて、水質と土壌の汚染は農業への直接的なダメージとなる。

水については、すでに10年ほど前に「中国の河川の60パーセントが飲料水に適さないほど汚染されている」という調査結果が中国国家環境保護総局からされているほどで、自然水をそのまま使わざるをえない農業への影響は計りしれない。さらに中国の農地の5分の1は鉱工業由来の汚染による被害を受けており、2・5パーセントはすでに耕作に適しないほど深刻な状態だという報告もある。*

もともと中国は水が豊富ではないうえ、過剰な人口を抱えていることもあって、食料生産には不安があった。それにもかかわらず、低い生産コストを武器に多くの農作物や食料品を輸出することで外貨を稼いできたのだが、大気、水質、土壌と広がる汚染はこの問題を一気に顕在化させていく。

20年ほど前、アメリカの環境活動家であるレスター・R・ブラウン氏が『だれが中国を養うのか？ 迫りくる食糧危機の時代』という本を書き、話題になった。ただ、そのころには、まだ中国の農業がそれほど大きな危機に直面していると実感する人が少なかったため、マスコミの採りあげ方も地味だったが、今、改めて考えなおしてみると、環境破壊によってこの予測は当初考えていた以上に深刻な事態に向っているように思える。

したがって、この状況を打破するには水質や土壌汚染＊対策としての環境投資も今後は積極的に行われなければいけないわけで、その分野においても新たなビジネスが成長していくと考えられる。

＊深刻な状態
しかもこれらの情報は外国メディアの推測ではなく、中国当局の公式な発表によるものである。

＊新たなビジネスが成長していく

……と信じたい。そうでなければ、中国では大量の餓死者が出てしまう可能性さえあるからだ。

第4章

拡大していく環境ビジネスの世界市場

「インドの大気汚染は世界最悪で、中国より深刻」

２０１４年10月、こんなニュースが大気汚染に関心をもつ人たちのあいだで話題になった。世界保健機関（ＷＨＯ）が91カ国１６００都市の大気汚染状況を調査・分析し、「２０１４年都市別屋外大気汚染データ」としてまとめたところ、最悪だったのはインドの首都ニューデリーで、ＰＭ２・５の年間平均濃度が１立方メートルあたり１５３マイクログラムに達したという。また、このデータベースをもとにして作成された「大気汚染都市ワースト20」では半数以上の13都市をインドが占め、中国は含まれていない。ちなみに同じ時期の北京のＰＭ２・５濃度は56マイクログラムで順位は76位となり、インドに比べるとかなりましなのだそうだ。

大気汚染といえば中国、なかでも北京が最悪というのは、多くの日本人が常識的に抱いているイメージだと思う。それだけに、この内容がよほど衝撃的だったのか、今でもネット上を検索すると同じ情報を引用した記事や書き込みが多数みられる。結果として、多少なりとも中国のイメージアップに役だったようだが、ただ冒頭のニュースにひとつ大きな問題があるとすれば、発信源を探ると中国の公式メディア「人民日報」に行き着いてしまうということだ。他の記事はすべてその孫引きに過ぎない。そしてこのあたりから、事態は徐々にミステリーじみてくる。

ＷＨＯは国際連合の専門機関なので、正式に「インドの大気汚染は中国以上」と公表したのであれば、もっと多くの国際メディアが採りあげてもよさそうだ。そんな疑問をもったジャーナリストが調べたところ、ＷＨＯではたしかに世界の都市別の大気汚染データベースをつくってはいるものの、２０１４年版であっても調査時期は２００８～２０１３年と開きがあるのでランキングまでは作成していないという。となると、「ワースト20に中国の都市が含まれない」という話は誰かの創作の可能性が高くなる。

さらに、このストーリーにはもうひとつ落ちがあって、実は、ほぼ同じ内容のニュースが２０１４年5月に一部のメディアで報道されている。つまり10月の時点では完全に旧聞に属し、ニュースバリューはなくなっているにもかかわらず、公式メディアまで使って大々的に報道した意図はどこにあるのだろうか？

なお、直後に北京でＡＰＥＣ首脳会議が開かれたような気がするが、もう面倒なので、これ以上、追求しない。要するに、あいかわらずのドタバタ劇をやっているということだ。

なりふりかまわない中国の攻撃にインドも黙ってはいない。２０１４年12月、公的な研究機関であるインド熱帯気象研究所（ＩＩＴＭ）の調査結果として「中国の二酸化窒素排出量はインドの2倍」という発表をした。それによると、ドイツやカナダ、トルコと共同で人工衛星が収集したデータを分析し、さらに全地球規模で気候予測ができる高性能シミュレーション・システムを駆使して計算したところ、インドの二酸化窒素の濃度は、今後、毎年3・8パーセントの上昇に留まるのに対し、中国は年7・3パーセントも増加することがわかったという……。

このニュースもなんだか微妙に怪しい。いろいろ専門用語が並んでいるのでそれっぽいのだが、人工衛星からの観測で汚染物質の排出量や増加量がそこまで細かくわかるわけないし、さらに、どんなにすぐれたシミュレータを使っても、最初に入れるデータがあいまいならほとんど意味をなさないからだ。要するに、科学的なようにみせながら、実はまったくそうではない情報の典型だろう。つまり、ここでもドタバタ劇が展開されているというわけである。

これら一連の報道を通していえるのは、環境問題に関して中国とインドはお互いを激しくライバル視しているということだ。そして、相手を叩くことで自分の国のイメージアップを図ろうとしている。

しかし、この作戦は果たして有効なのだろうか？　結局、それぞれが「世界で1位と2位を争う汚染国」だとは認めていることになってしまうので、あまり意味のある競争には思えない。

だいたい、中印両国を訪れたことのある人なら、どちらもスモッグが「目に見えるほど」ひどく、しかも工場や自動車など汚染発生源の多くが野放しになっていることはすぐにわかる。なので、他の国を批判している余裕などはないはずなのだが……。

中国の環境汚染についてはこれまで散々書いてきたので、ここからはインドにも目を向け、地球全体の環境問題が日本の社会やビジネスにどんな影響を及ぼすのか考えていくことにしよう。

＊一部のメディアですでに報道されている
たとえばこれ。ここでもワースト20ランキングの話が載っているので、創作はこの段階ですでに行われていたようだ。
『インド・デリーの大気汚染「世界最悪」 PM2.5の濃度高水準』／産経ビズ／2014.5.20／http://www.sankeibiz.jp/macro/news/140520/mcb1405200500012-n1.htm

●インドの環境汚染が心配される理由

インドは石油には恵まれていないものの、石炭の確認埋蔵量は606億トンで世界第5位の資源量を誇る。しかも安い労働力を確保しやすいことから低コストで生産できるのが強みだ。このため経済成長を支えるエネルギー源として消費量は確実に増え続けている。

しかしそれに伴い、大気汚染も確実に進行してきた。先ほど紹介してきたニュースはいろいろ怪しかったので、もう少し信頼性の高い情報を紹介しておこう。

アメリカのニューヨークタイムズ紙の報道によると、2014年1月の測定でニューデリーのPM2・5濃度の1日平均値が最高で1立方メートルあたり473マイクログラムになったという。しかも高い濃度は日常的に続き、300マイクログラム以下になるのは平均して3週間に1度しかないそうだ。それが事実だとすれば、中国と同等、あるいはそれ以上の大気汚染に侵されているのはまちがいない。*

しかし、ここでひとつ気になる点がある。それは、現在のインドの石炭消費量が、まだ中国の6分の1ほどに過ぎないということだ。それにもかかわらず、ワースト1を争うほどの大気汚染が発生しているというのは、やはり国としての環境性能が低いからではないのだろうか。具体的にいえば、石炭火力発電所の効率の低さが示すように古い施設がまだ多く残っているか、新設しても性能の低い施設しか入れられないかのどちらかである（たぶん両方）。

しかも、インドの火力発電所では脱硫・脱硝・集塵装置の設置が完全には義務づけられていない。高性能の総合排煙処理システムの導入など、まだ先の話だ。このため、多くの施設にお

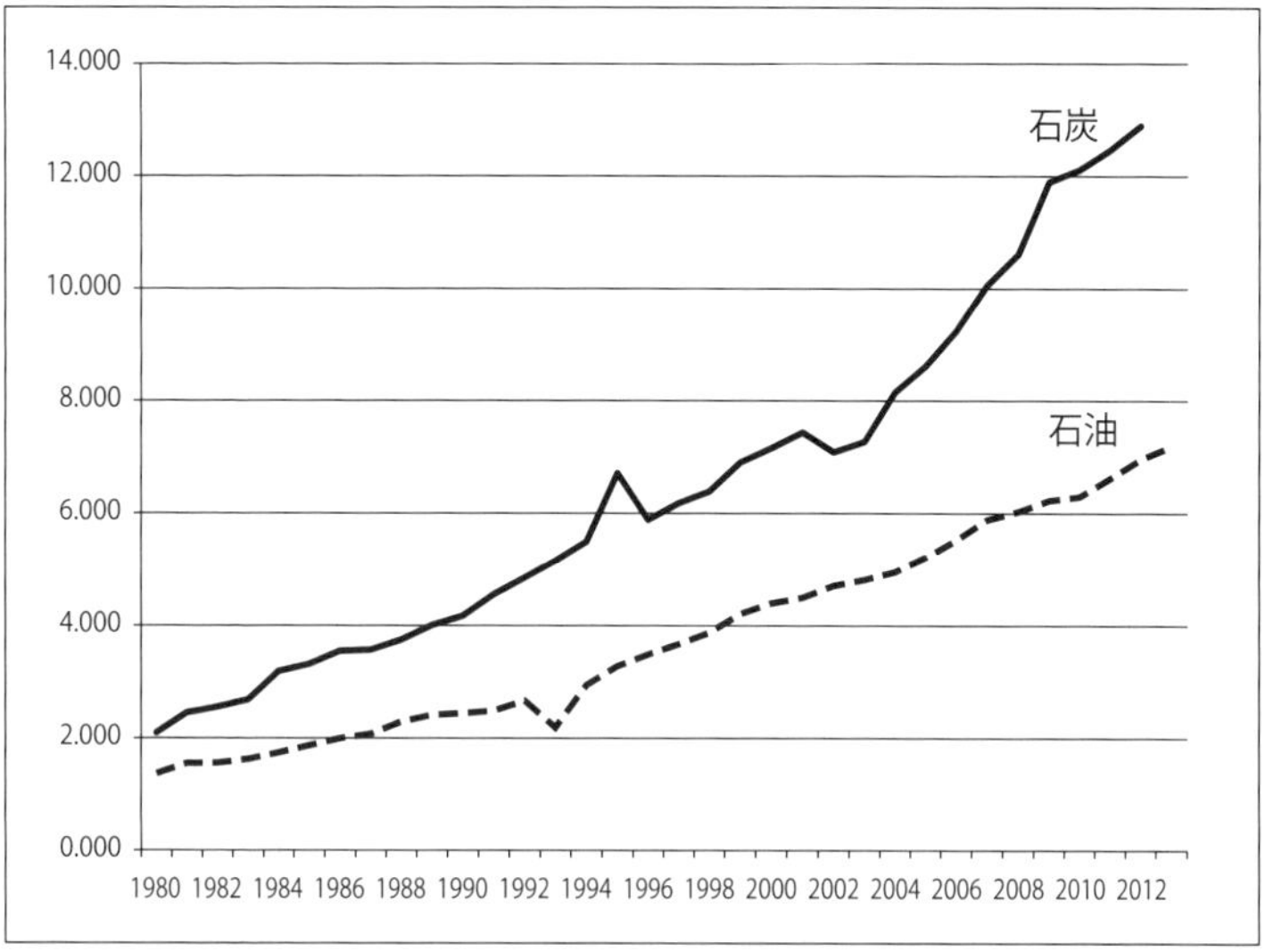

アメリカエネルギー情報局（EIA）のデータを基に作成

図32　インドの石炭および石油消費量の推移

いて石炭から出る汚染物質の多くはたれ流しの状態であり、今後、インドの経済成長が進んで今の中国並みに石炭の消費量が拡大していったら、どれだけの被害が生じるか見当がつかない。

インドの環境対策への遅れを客観的に証明してくれるのが、アメリカのエール大学とコロンビア大学が中心になってまとめている「環境パフォーマンス指数（ＥＰＩ：Environmental Performance Index）」の国別ランキングだ。ＥＰＩは世界の政府と民間による環境パフォーマンスや持続可能性をさまざまな項目から分析し、スコア化したもので、スイスのダボスで、毎年、開かれる世界経済フォーラム（ダボス会議）にも報告され、各国の環境政策を比較研究するうえでの重要な指標となっている。全体的に眺めた場合、「ヨーロッパ＆小国」に甘い印象は受けるものの、おおまかな傾向を捉えるうえでは価値のある資料だと思う。

その2014年版では世界178カ国を対象にランキングを付けているが、インドは155位で中国の118位より下位にあることがわかる。つまり、環境対策においては中国に完全に負けているわけで、このあたりが石炭消費量と大気汚染の関係に表れているのだと思う。

もっとも、順位に、多少、差があるからといって中国が合格点をもらっているわけではないし、インドとのあいだにいるのはアフリカやアジアの途上国ばかりなので、「長い歴史をもつ文明国」であり「新興国として成長著しい」わりには、どちらもかなり恥ずかしい位置にいるのはたしかだ。そして、その程度の環境意識しかないにもかかわらず実質GDPが世界第2位（中国）と第10位（インド）になってしまったのだから、大気汚染に悩まされるのは当然なのかもしれない。

気になるのはインドの今後だ。

中印両国の実質GDPの推移をみる限り、中国との差はかなり大きく、しかも成長スピードも追いついていない。これは経済的にみればマイナス評価につながるのかもしれないが、逆に

順位	国名	スコア
1	スイス	87.67
2	ルクセンブルグ	83.29
3	オーストラリア	82.40
4	シンガポール	81.78
5	チェコ	81.47
6	ドイツ	80.47
7	スペイン	79.79
8	オーストリア	78.32
9	スウェーデン	78.09
10	ノルウェー	78.04
11	オランダ	77.75
12	イギリス	77.35
13	デンマーク	76.92
14	アイスランド	76.50
15	スロベニア	76.43
16	ニュージーランド	76.41
17	ポルトガル	75.80
18	フィンランド	75.72
19	アイルランド	74.67
20	エストニア	74.66
21	スロバキア	74.45
22	イタリア	74.36
23	ギリシャ	73.28
24	カナダ	73.14
25	アラブ首長国連邦	72.91
26	日本	72.35
27	フランス	71.05
28	ハンガリー	70.28
29	チリ	69.93
30	ポーランド	69.53
31	セルビア	69.13
32	ベラルーシ	67.69
33	アメリカ	67.52
34	マルタ	67.42
35	サウジアラビア	66.66
36	ベルギー	66.61
37	ブルネイ	66.49
38	キプロス	66.23
39	イスラエル	65.78
40	ラトビア	64.05
41	ブルガリア	64.01
42	クウェート	63.94
43	韓国	63.79
44	カタール	63.03
45	クロアチア	62.23
46	台湾	62.18
47	トンガ	61.68
48	アルメニア	61.67
49	リトアニア	61.26
50	エジプト	61.11
51	マレーシア	59.31
52	チュニジア	58.99
53	エクアドル	58.54
54	コスタリカ	58.53
55	ジャマイカ	58.26
56	モーリシャス	58.09
57	ベネズエラ	57.80
58	パナマ	56.84
59	キリバス	55.82
60	ヨルダン	55.78
61	セイシェル	55.56
62	モンテネグロ	55.52
63	アゼルバイジャン	55.47
64	キューバ	55.07
65	メキシコ	55.03
66	トルコ	54.91
67	アルバニア	54.73
68	シリア	54.50
69	スリランカ	53.88
70	ウルグアイ	53.61
71	スリナム	53.57
72	南アフリカ	53.51
73	ロシア	53.45
74	モルドバ	53.36
75	ドミニカ共和国	53.24
76	フィジー	53.08
77	ブラジル	52.97
78	タイ	52.83
79	トリニダード・トバゴ	52.28
80	パラオ	51.96
81	モロッコ	51.89
82	バーレーン	51.83
83	イラン	51.08
84	カザフスタン	51.07
85	コロンビア	50.77
86	ルーマニア	50.52
87	ボリビア	50.48
88	ベリーズ	50.46
89	マケドニア	50.41
90	ニカラグア	50.32
91	レバノン	50.15
92	アルジェリア	50.08
93	アルゼンチン	49.55
94	ジンバブエ	49.54
95	ウクライナ	49.01
96	アンティグア・バーブーダ	48.89
97	ホンデュラス	48.87
98	グアテマラ	48.06
99	オマーン	47.75
100	ボツワナ	47.60
101	グルジア	47.23
102	ドミニカ	47.08
103	ブータン	46.86
104	ガボン	46.60
105	バハマ	46.58
106	バヌアツ	45.88
107	ボスニア・ヘルツェゴビナ	45.79
108	バルバドス	45.50
109	トルクメニスタン	45.07
110	ペルー	45.05
111	モンゴル	44.67
112	インドネシア	44.36
113	カーボベルデ	44.07
114	フィリピン	44.02
115	エルサルバドル	43.79
116	ナミビア	43.71
117	ウズベキスタン	43.23
118	中国	43.00
119	中央アフリカ	42.94
120	リビア	42.72
121	ザンビア	41.72
122	パプアニューギニア	41.09
123	赤道ギニア	41.06
124	セネガル	40.83
125	キルギス	40.63
126	ブルキナファソ	40.52
127	ラオス	40.37
128	マラウイ	40.06
129	コートジボアール	39.72
130	コンゴ共和国	39.44
131	エチオピア	39.43
132	東ティモール	39.41
133	パラグアイ	39.25
134	ナイジェリア	39.20
135	ウガンダ	39.18
136	ベトナム	38.17
137	ガイアナ	38.07
138	スワジランド	37.35
139	ネパール	37.00
140	ケニア	36.99
141	カメルーン	36.68
142	ニジェール	36.28
143	タンザニア	36.19
144	ギニアビサウ	35.98
145	カンボジア	35.44
146	ルワンダ	35.41
147	グレナダ	35.24
148	パキスタン	34.58
149	イラク	33.39
150	ベナン	32.42
151	ガーナ	32.07
152	ソロモン諸島	31.63
153	コモロ	31.39
154	タジキスタン	31.34
155	インド	31.23
156	チャド	31.02
157	イエメン	30.16
158	モザンビーク	29.97
159	ガンビア	29.30
160	アンゴラ	28.69
161	ジブチ	28.52
162	ギニア	28.03
163	トーゴ	27.91
164	ミャンマー	27.44
165	モーリタニア	27.19
166	マダガスカル	26.70
167	ブルンジ	25.78
168	エリトリア	25.76
169	バングラディッシュ	25.61
170	コンゴ民主共和国	25.01
171	スーダン	24.64
172	リベリア	23.95
173	シエラレオネ	21.74
174	アフガニスタン	21.57
175	レソト	20.81
176	ハイチ	19.01
177	マリ	18.43
178	ソマリア	15.47

出典：「2014 EPI - Environmental Performance Index」／Country Rankings／http://epi.yale.edu/epi/country-rankings

図33　環境パフォーマンス指数（EPI）2014　国別ランキング

環境対策を整えるまでの準備期間がそれだけ残されていると考えれば、大きなチャンスだろう。多くの発電所や工場、自動車を抱える前にそれぞれに環境装置を整えていけば、中国のように環境問題が成長の足を引っ張るようなことにならず、持続性のある社会を実現できる。環境対策コストは汚染が「起きてから」よりも「起きる前」のほうが安く済むので、今が最後の決断の時だ。

もっとも、現状をみる限り、インドには不安材料のほうが多い。まずひとつめは、この国の社会の進歩が中国と比べてもかなり遅れているという点だろう。

たとえば、2014年にインドで制作されたドキュメンタリー番組「My Land is Burning*（私の村は燃えている）」はかなり衝撃的な内容だった。それによると、インドでは石炭を国の重要なエネルギー資源と位置づけ、積極的に炭鉱の開発を進めているが、やり方はかなり乱暴で、住民のいるエリアの地下を平気で掘り進んでいくほどだ。その結果、地面から吹き出してきた亜硫酸ガスなどによって大きな健康被害が出ているだけでなく、落盤事故なども頻繁に起き、家も土地も失ってしまうケースが出ているという。しかも、そのような事件が起きても公的な補償はほとんどされていないのだから驚きである。

住民が激しく抵抗しないのは、炭鉱側が保管あるいは運送中に盗んだ石炭を闇ルートに売る

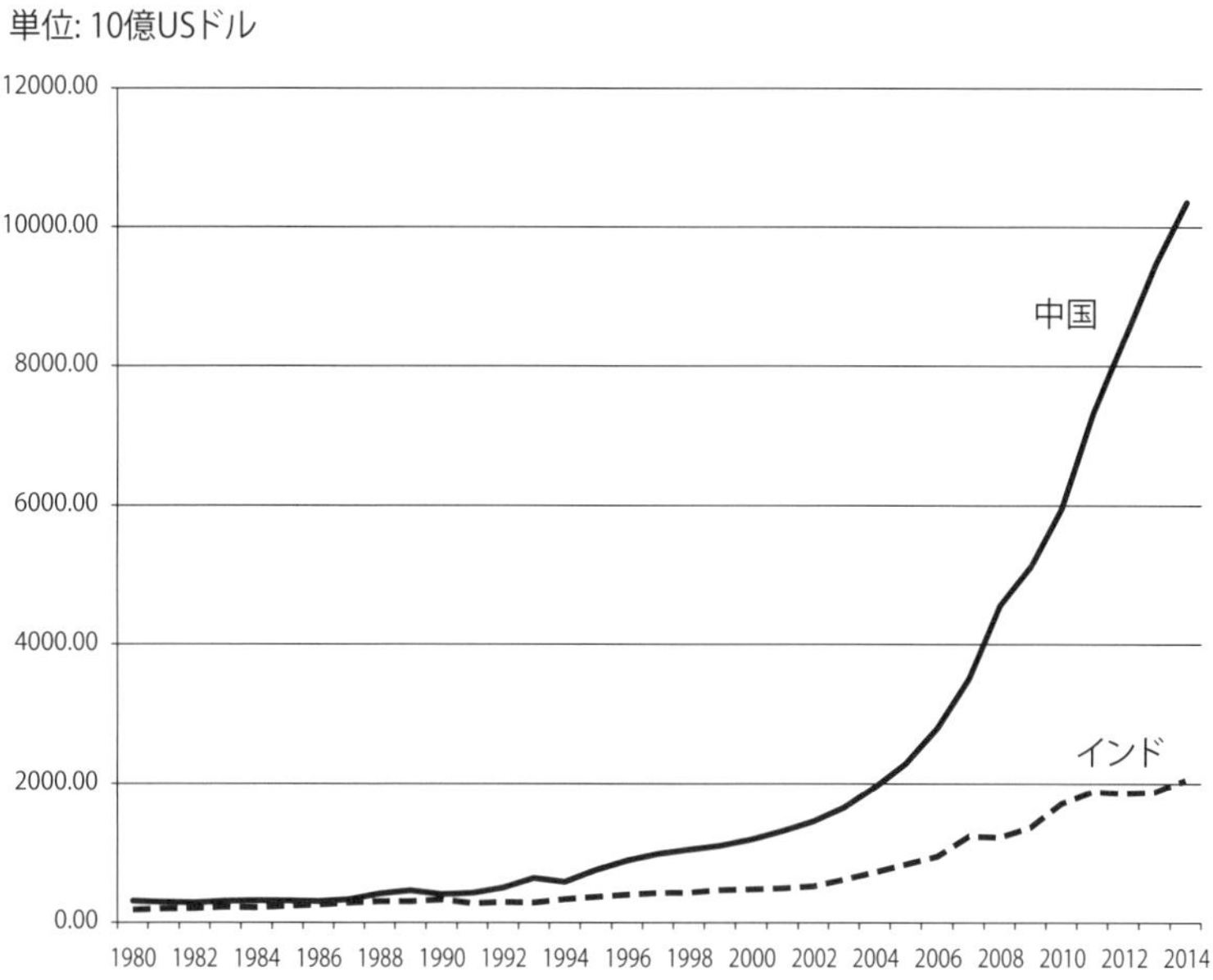

図34　インドと中国の実質GDP推移

ことで生計を立てることができるからだ。しかも、大勢で列をつくって堂々と持ち去るなど、かなり大胆に行動しているにもかかわらず特に咎められる様子がないのは日本人からみればかなり不思議な光景だった。

おそらく、これはインド的なバクシーシ（喜捨）の精神によるもので、貧しい人への施しのつもりで見逃しているのだろう。それは見方によっては「愛にあふれた社会」なのかもしれないが、こういったルーズさが環境問題では徒《あだ》となる。商品管理がいい加減だということは、環境対策もきちんと行われていないことに通じ、結局は公害による健康被害を広めて住民を苦しめることになるからだ。

実際、彼らは盗んだ石炭を野焼きし、コークスにしてから売るので（石炭のままだと家庭などでは使えない）、そこら中にまったく処理されていない煙があがっている。さらに炭鉱の自然発火による煙も合わせ、石炭の生産段階からこんなに壮大に汚染物質をバラまいていては、発電所に高性能の環境装置を付けたとしてもあまり大きな効果は期待できないだろう。

とにかくインドは社会構造を変えていくところから始めないと、環境問題にまでたどり着けないと思う。

インドの抱える不安の2つめは地形だ。

この国を代表する重工業地帯は北部にある。南に石炭を多く産出するマディヤ・プラデーシュ州、チャッティースガル州、オリッサ州を抱え、しかも大きな河川が集中していて、比較的、水を得やすいからだ。また、このエリアはインドを代表する農作地域でもあるので人口が集中し、都市化も進んでいる。

ところが、そんな「大気汚染が発生しやすい場所」の北にはヒマラヤ山脈があり、8000メートル級の山々が世界一高い壁として立ちはだかっている。このため空気の流れが遮られ、澱みやすいので、汚染物質がそこに留まってしまう。そのことは27ページに掲載したNASAの「世界のPM2・5濃度の分布」のマップをみても明白で、インド北部ではヒマラヤ山脈の南側に沿って高い濃度のエリアが広がっていることがわかるはずだ。

このような環境条件の厳しいところで無計画に工業化や都市化が進めば、スモッグだけでなく、水質や土壌の汚染にも繋がっていくのはいうまでもない。それにもかかわらず、インドでは汚染の発生源を管理するシステムもノウハウも欠如している。*

この国が中国を超える環境破壊大国にならないようにするには、日本や欧米などの積極的な技術支援が必要であり、そういう意味でも環境ビジネスを積極的に展開していくのは、お互いにとって得策だと思うのだが、どうだろうか。

＊世界第5位の資源量
アメリカ、ロシア、中国、オーストラリア、インドの順。生産量でも中国、アメリカ、オーストラリア、インドネシアに次ぐ第5位。

＊それ以上の大気汚染
2013年11月のウォール・ストリート・ジャーナルの報道によるとデリー首都圏でPM10の1立方

メートルあたりの濃度が1940マイクログラムを記録したことがあるそうだ。

＊「My Land is Burning（私の村は燃えている）」
日本ではNHKの「BS世界のドキュメンタリー」の枠で放映された。邦題は「私の村は燃えている～インド～」。
http://www.nhk.or.jp/asianpitch/lineup/index1401.html

＊水質や土壌の汚染
インドにおける水質汚染の問題はかなり深刻になってきているようだが、大気汚染がようやく話題になってきた段階なので、メディアで報道される機会も少ない。しかし世界中で水道事業などを手掛ける「水メジャー」はこの国におけるビジネスの展開にかなり期待しているようだ。

●中国、インドに続く環境ビジネスの有望市場は？

先ほど紹介した環境パフォーマンス指数（EPI）は各国の環境への意識や取り組みぶりを俯瞰できる貴重な資料だが、ただ誤解しないでほしいのは、順位が低いからといって、その国で環境破壊が深刻になっているというわけではない。汚染物質の発生源となる発電所や工場、自動車などの数が少なければ、何もしなくても環境はきれいなまま保たれる。したがって、汚染の度合いについては次のように考えればいいだろう。

環境汚染度　＝　経済規模　／　ＥＰＩスコア

中国とインドの場合は、分子が急上昇しているにもかかわらず、分母がアフリカの途上国あたりと同じレベルであるため、悲惨な状況に陥っている。やはり、持続性のある成長を実現するには経済規模に見合った環境コストが必要になってくるということだ。

それでは、今後、世界のどの地域で経済成長が見込まれているのか？　それを示すデータとして最適なのが石炭火力発電導入見通しである。石炭火力発電所からの電力はあらゆる経済活動の基本となるエネルギーなので、国の経済規模と発電所の設備容量は、ほぼ一致するといってもいいからだ。

そういう目でこの資料をみると、２０３５年までの段階でいえば、やはり中国とインドの突出ぶりが目立つ。もっとも、現在でも両国の人口を合わせると世界の4割弱という規模になるので、それを考えれば当然なのかもしれないが……。

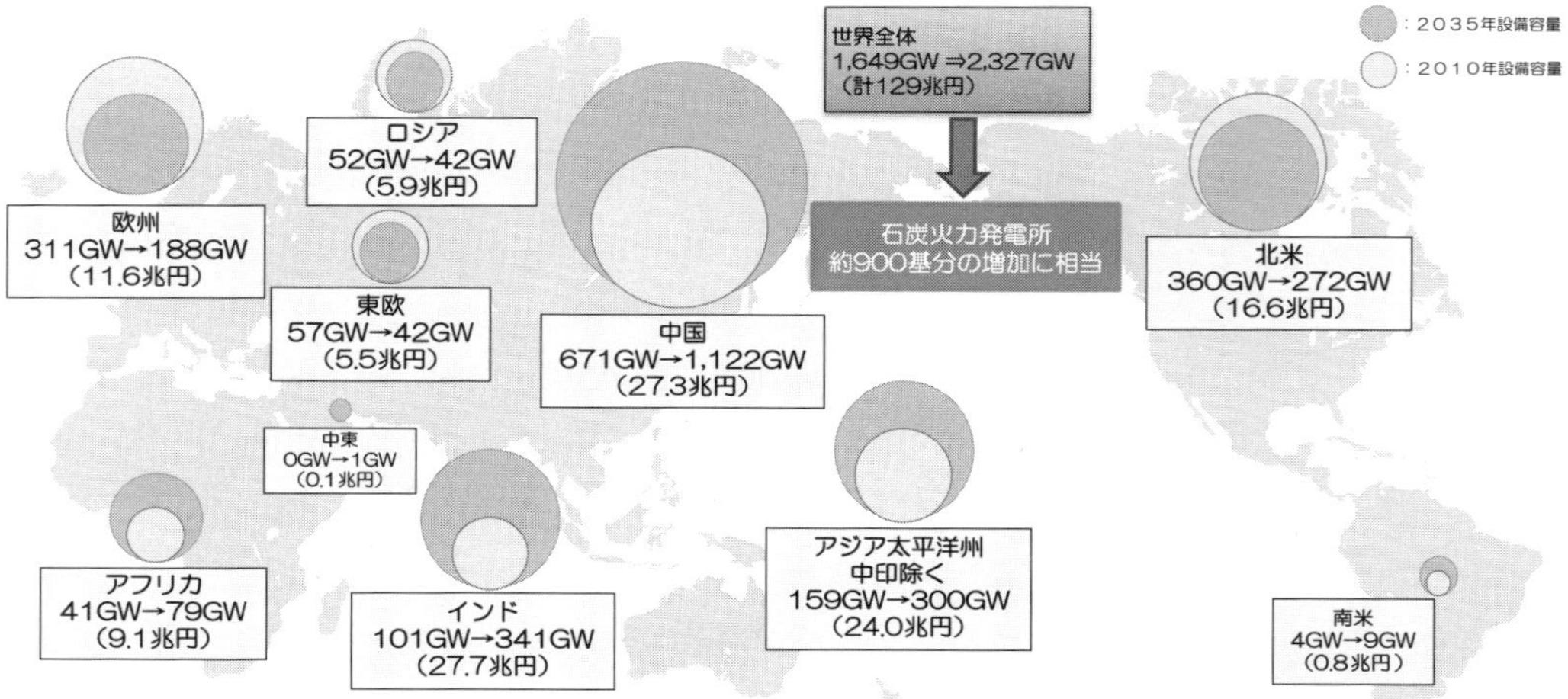

※ IEA World Energy Outlook 2012
1ドル=79.97円で計算。(2011年時点の為替レート)
新増設、リプレースを含む。

上段：2010年から2035年への設備容量
下段：2012年から2035年までの投資額
石炭火力1基あたり75万kWで試算(参照：コスト等検討委員会)

出典：資源エネルギー庁・石炭ガス化石燃料電池複合発電実証事業資料

図35　世界の石炭火力導入見通し

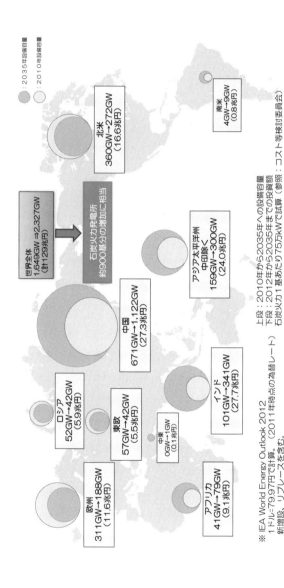

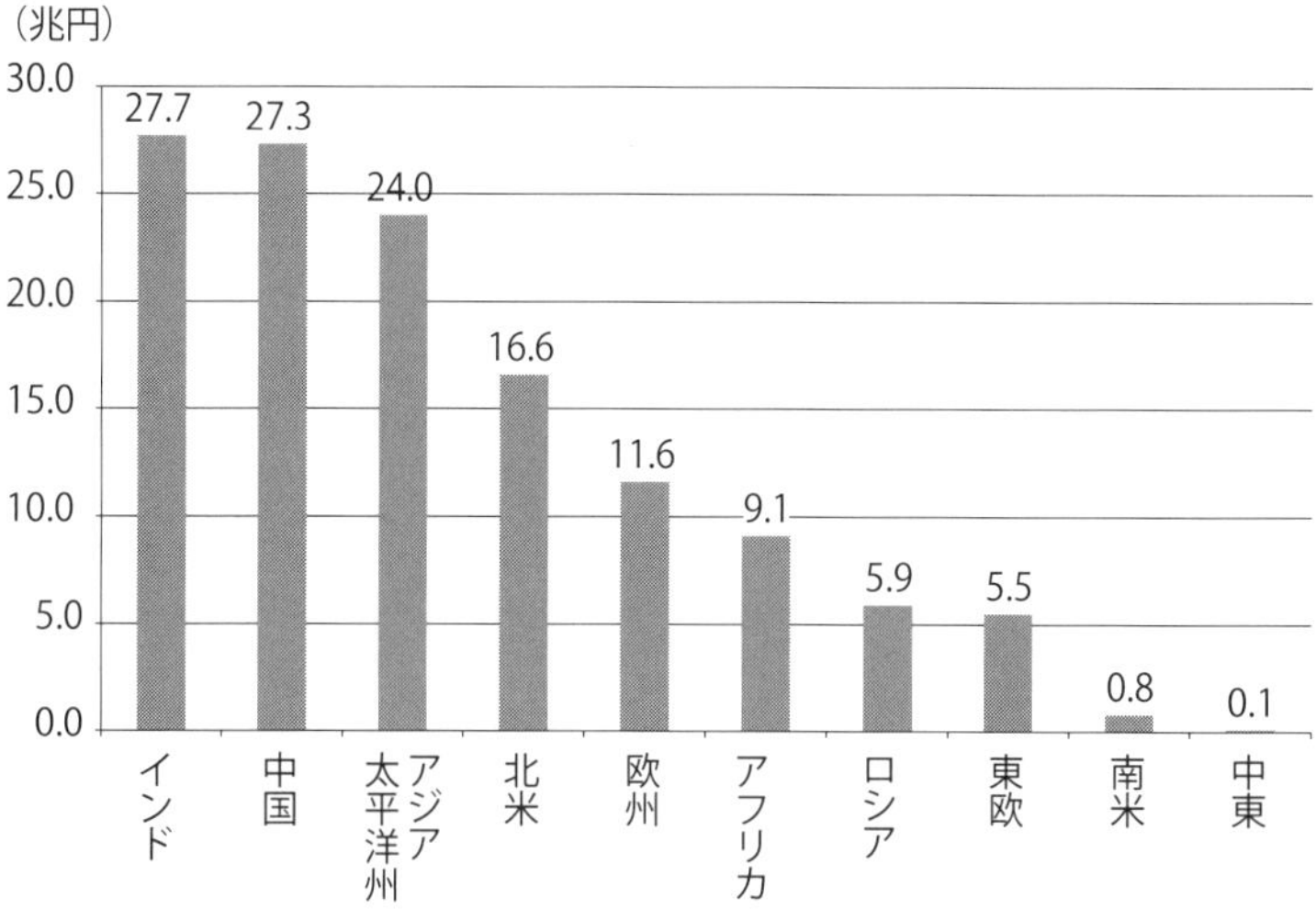

出典:「石炭ガス化燃料電池複合発電実証事業説明資料」(資源エネルギー庁)をもとに作成

図36　世界の石炭火力発電所への投資額見通し(2012～2035年)

両国以外ではアジア太平洋州とアフリカもかなりの成長が見込まれている。逆に北米、欧州、ロシアは縮小気味だ。ちなみに日本はアジアに含まれていると思うのだが、別の資料によると40ギガワット規模でほぼ横ばいとなっている。

次に2012～2035年における*石炭火力発電所への投資額をグラフ化したので、そちらもみてほしい。すると、今後、投入される金額ではインドが中国を上回っていることがわかる。また全体としては規模縮小の方向にあるものの、北米も欧州も市場としてはけっして小さいものではない。一方で、経済成長は見込まれるものの、人口の少ない南米や、国の数が多いアフリカは、市場としての魅力には、若干、欠けている。

もう一度、ＥＰＩのランキングに戻って考えるなら、中国とインドのような「順位が低いのに経済成長が著しい」国ほど、今後、環境対策への投資が必要になり、環境ビジネスの市場は広がっていく可能性がある。そういう目でみていくと、続く候補はトルコ、南アフリカ、ロシア、ブラジル、タイ、インドネシア、フィリピン、ナイジェリア、ベトナムといったあたりだろうか。これらの国はすでに多くの工場が建っていたり、資源ビジネスで産業が育っていながら環境パフォーマンスが途上国並みに低く、このままでは確実に環境破壊が顕在化してくる。しかしそれぞれ一定の経済力はあるのに加え、国際関係も気にしなければいけない段階にきているので、環境ビジネスの市場としては有望だ。

いずれにしろ、まだまだ環境対策が遅れている国は多く、そこに経済成長の波が及べば必ず環境ビジネスの市場が生まれる。そして人類は進歩と共によりよい生活環境を求めていくものだから、その市場は確実に拡大の一途をたどっていくのである。

*石炭火力発電所への投資額
この数値は、おそらく今後の電力需要の予測から必要な設備投資額を算出したもので、発電所の建設

コストのうち発電プラントと付帯設備の分しか含んでいないと思われる。したがって、高性能の環境プラントを完備することになれば市場規模は2倍近くに跳ねあがると考えてよさそうだ。

＊人口の少ない南米や国の数が多いアフリカ
南アメリカの人口は約4億人で世界の6パーセント弱、アジアの10分の1以下しかない。アフリカは全体的に成長傾向にあるものの、56カ国もあり市場が細かく分割されてしまう（1カ国あたりの平均人口は約1800万人）。

コラム

自動車関連の環境ビジネスは日本が有利

石炭火力発電所と並ぶ大気汚染源が自動車だが、その関係の環境ビジネスはどうなっていくのだろうか？

まず、自動車市場の全体像＊としては、2020年ごろには中国が販売台数で世界の3割近くを占め、アメリカの約2倍になる。インドも6パーセントのシェアになり、日本（約4パーセント）やドイツ（約3パーセント）を完全に上回るかっこうだ。

しかし自動車に関していえば重要なのは「どこで売れるか？」よりも「何が売れるか？」である。そこで、経済産業省がまとめた資料「自動車産業戦略２０１４」にあった乗用車の車種別需要予測（資料中では「世界の車種別の将来予測」）を紹介しておきたい。若干、新型車への期待が大きすぎる気がしないではないが、それなりの専門家がつくったものだと思うので、とりあえず参考にさせていただく。

なお、右の項目は上から燃料電池車、電気自動車、プラグイン・ハイブリッド車（ディーゼル）、プラグイン・ハイブリッド車（ガソリン）、ハイブリッド車（ディーゼル）、ハイブリッド車（ガソリン）、ガス燃料車、ディーゼル車、ガソリン車となる。

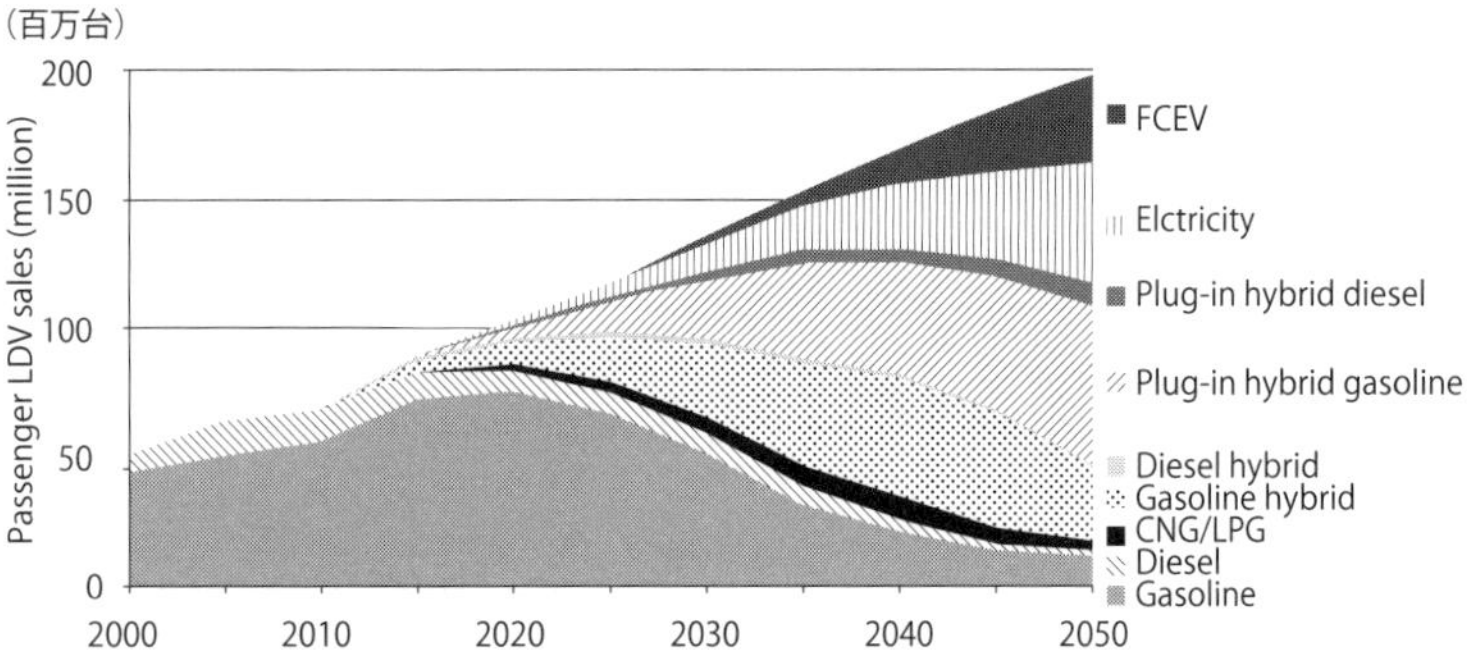

出典：「自動車産業戦略2014」（経済産業省）
元データ：IEA／ETP（Energy Technology Perspectives）2012

図37　乗用車の車種別需要予測

それによると、2030年ごろにはガソリン車やディーセル車などの「ただ燃料を燃やすだけの自動車」は全体の半分以下になり、ハイブリッド車や電気自動車などが主流になってくる。さらに2050年以降はその比率が9割以上になりそうだ。

これが事実だとすれば、日本の自動車産業にとっては大きな追い風だ。なぜなら、ハイブリッド・システムは、ほぼ日本だけで開発・完成させたものだし、電気自動車の中核技術である蓄電池と電力制御システム、燃料電池車の基幹技術の多くは日本メーカーの独壇場だ。しかも完成車だけでなく個々の部品まで国内でほぼ供給できる国は他にない。

先進国だけでなく新興国や一部の途上国で需要が拡大していることにより、自動車の市場がこれからも確実に成長していく。しかもそこでは日本独自の製品が競争力を増していくというのは、この国の経済動向を考えていくうえで、もっと特筆すべき事実だと思うのだが、どうだろうか。

＊自動車市場の全体像

調査会社である「IHS Automotive」の分析によるもの。

●温暖化対策からイメージまで多角化する環境ビジネス

本書の最後に、遅ればせながら環境ビジネスの定義をしておきたい。

環境ビジネスのメインストリームは、いうまでもなく、空気・水・土壌などへの汚染を食い止める装置や技術、ノウハウの販売だ。具体的な商品としては、石炭火力発電所の環境プラントや工場の排煙・排水処理システム、自動車の排気処理システムなどがあげられる。

それに加えて、あらゆる分野における省エネ化技術や商品も、今は環境ビジネスに含まれるものと考えていいだろう。ボイラやエンジンにおける燃焼最適化技術や全体的な軽量化技術、そして摩擦に関する総合的なトライボロジー技術が代表的で、これらの多くは日本が得意とする分野だ。

近年、ここに地球温暖化対策が加わってきた。二酸化炭素などの温暖化ガスの排出抑制は国際的にも決まった基本方針であり、いずれは具体的な規制項目が国ごとに定められていくと思う。そのときのために回収・貯留技術を完成させておくことは、今後の環境ビジネスの拡大を考えれば非常に重要だ。

また、最近は価格下落で市場に勢いがないが、1997年の京都議定書にとって枠組みが決

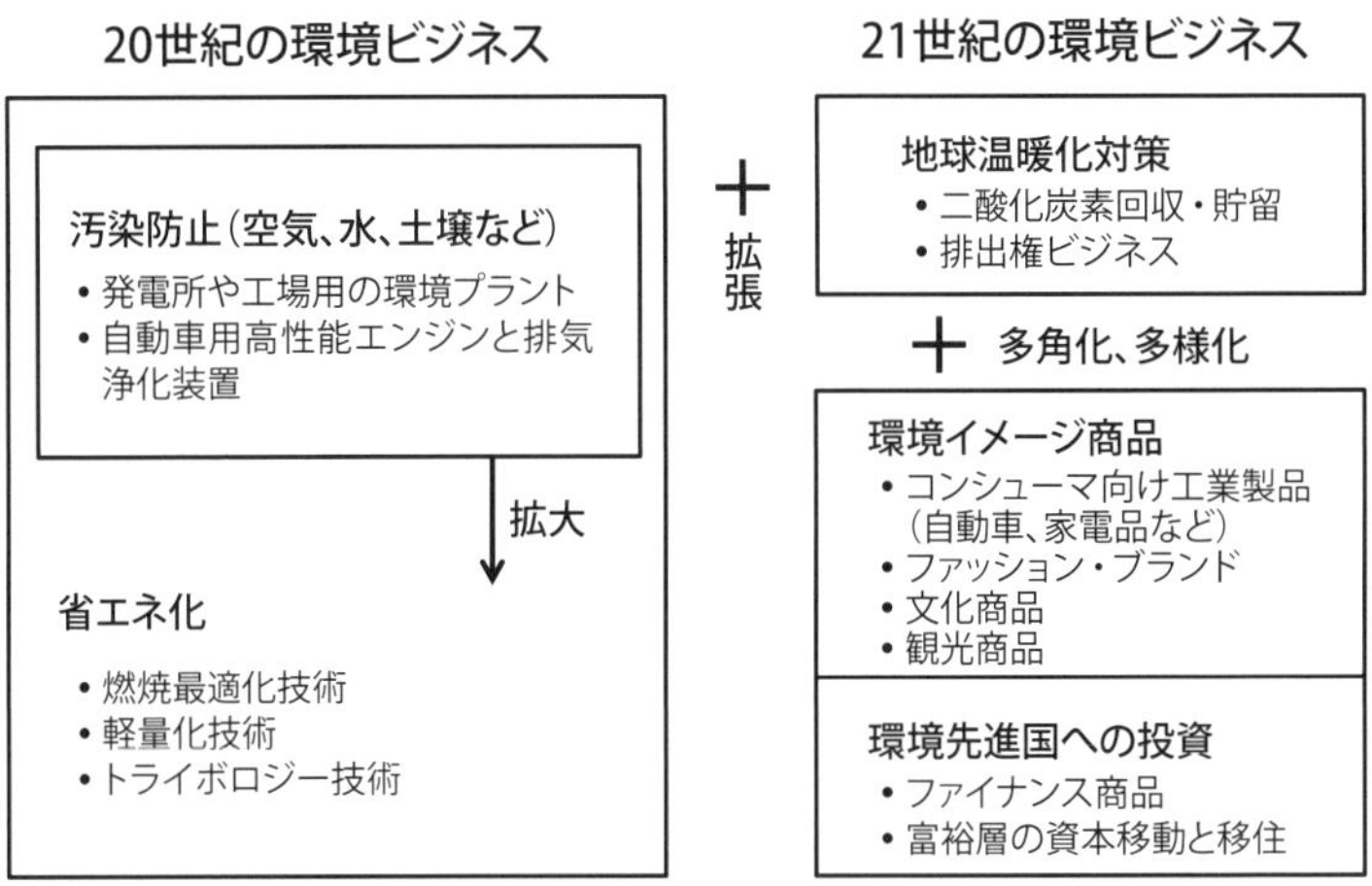

図38　環境ビジネスの拡大と多角化

められた二酸化炭素の排出権取引（排出量取引）も環境ビジネスの一環だろう。

ここまでが地球環境の保全に明確な効果のある環境ビジネスだ。ところが、この分野の市場が拡大していくと周囲には多角化した関連ビジネスが生まれ、その規模も無視できなくなってくる。

すでに大きな市場を築いているのが、環境イメージ商品と呼べるような分野だろう。環境対策とは直接的には関係ないものの、「地球にやさしい」といったイメージで販路を広げていくようなケースがそれにあたる。

たとえば、あえて名前は出さないがファッション・ブランドの中にはそういうところが多い。厳密にいってしまえばアパレルメーカーは

「絶対に必要とはいえない服」まで売りつけようとしているのだから環境対策とは逆行しているのだが、消費者はそこまで考えないので、ＣＭなどで「環境について考えています」とアピールすることは大事だ。その結果として商品がたくさん売れれば景気もよくなるので、むしろ大歓迎である。

環境イメージ商品はファッションだけでなく文化や観光関連の商品にも及ぶし、さらにいえば自動車や家電品などの工業製品もメーカーの環境イメージが売り上げを大きく左右する。そういう意味では巨大な市場をもっているのだが、このビジネスが、案外、難しいのは、発信できる国がかなり限られるという点にある。たとえば、もし中国やインドの企業が「地球にやさしいブランドです」と宣伝しても、消費者は「それを言う前に北京やニューデリーの大気汚染をどうにかしろ！」と思うだけで、相手にはされないだろう。

そう考えると、環境対策に手を抜いてきた国は実は多くのビジネスチャンスを失っているわけで、そのあたりの経済効果まで考えながら政策を進めないと、結果的に大きな損失を生むことになる。

環境政策に力を入れている国は継続性のある社会だと認められるので中長期的な投資が集ま

りやすいという強みもある。カントリーリスクが低く、金利面などでも有利になればファイナンス商品も売りやすくなるはずだ。最近では中国の富裕層が軒並み資産をアメリカなど国外に移しているが、これも環境先進国に向かって資本が動いていく一例であり、かたちを変えた金融商品の販売といえるだろう。

　戦後、自動車産業が成長していくと、それに伴ってさまざまなビジネスが生まれていった。観光業はもちろんのこと、クルマでの来店をあてにしたロードサイド店の隆盛や、細かいところでは「フェラーリマークの付いたキーホルダー」なんていうのも自動車関連商品のひとつだ。つまり、自動車という新しい商品によって生み出される経済効果は車両販売の何倍にも及ぶのである。

　そう考えると、環境ビジネスはもっと広い裾野をもつ産業だと思う。なぜなら、その自動車産業ですら、今後は*環境ビジネスの一部として組み込まれていくかもしれないからだ。

　したがって、日本のような環境ビジネスで攻めに出られる「ブランド力」のある国は、国家戦略としてこの分野の産業を育てていくべきだろう。それこそが、21世紀に世界市場で力を発揮していく、もっとも有利で効果的な方法なのである。

＊環境ビジネスの一部として

それどころか、今後は、ほぼすべての産業が環境対応なしには成長しえないので、どんな業界であっても「自分たちは環境ビジネスに携わっている」という意識をもつことが大切になる。なにしろ、ポルシェですらハイブリット化した918スパイダーで燃費を飛躍的に向上させ、売り上げを伸ばしているくらいなのだから。値段約1億円のエコカー……。

おわりに

先進国とは「経済的に終わった国」なのか？

中国やインドに代表される新興国の急成長は日米欧先進国の凋落を意味するといわれ、世界経済における主役交代が進んでいるかのように思われてきた。なかでも1990年代後半からGDPがほとんど拡大していなかった日本なんか、完全に「オワコン（終わったコンテンツ）」扱いされていたほどだ。

しかし環境対策という視点で、もう一度、国際社会を見直してみると、実はそうでもないことがわかってくる。

1960年代、深刻な公害問題に悩まされた日米欧各国は、やがて足並みを揃えて環境政策を進め、実行に必要な基準や規制を整えていった。これは考えてみれば奇跡に近い出来事だと思う。なぜなら、経済成長著しいそのころ、それぞれの国は多くの工業製品で世界市場における覇権を争っていたはずだ。したがって、「できるだけ環境コストをかけずに安い商品を供給し、勝ちにいく」という選択肢もあったと思う。

ところが、どの国もそんな安直な道は選ばず、大がかりな予算を投入して公害防止に努めていった。目の前の利益よりも国民の生活を優先し、持続性のある社会を構築していく方向へと大きく舵を切ったのである。

その結果、先進国は完全な高コスト体質になってしまった。環境保全のための費用に加えて国民生活向上を目指した人件費の引きあげなどが進み、生産される製品の価格上昇を招いてしまう。

そこにうまく入り込んできたのが中国だ。安いコストを武器に急激な経済成長を遂げ、世界の工場へとなっていく。もちろん同じようなビジネスモデルは東南アジアにもあったものの、中国の場合は規模の大きさと一党独裁制による政策決定の速さで市場を席巻していった。特に1990年代後半以降の伸びはすさまじく、ついには世界第2位の経済大国にまで上りつめる。

そして現在、それを真似しようとしているのがインドだろう。積極的な工業化政策により、同じ成長モデルを踏襲しているように感じられる。

ところが、そんな「元気いっぱい」にみえる中国とインドが内実では重大な大気汚染に苦しんでいることを知ると、世の中に楽な道はないのだと改めて思う。両国が成長できた最大の理由は、国民生活の真の向上や環境保全のために、本来、負担しなければならないコストを後回しにしてきたからで、経済構造上、有利だったからではない。

要するに、特別にツケで飲めたから酒場に入り浸っていただけだ。そこで、財布の中身を気にしながらちびちび飲んでいる日米欧を横目に「もっと気楽に楽しめばいいのに」と思っている。

もちろん、それは新しい客を獲得したい店側の戦略に過ぎないのだから、いつか支払いを迫られるときが来る。その先に待っているのは、次の3つの道だ。

1、無理をしてでも溜まったツケを払う（分割化）。

2、払えないほどツケが溜まったので破産（破綻）する。

3、その前に飲み過ぎで病気になる。

個人的な印象だが、このままだと中国は2に、インドは3になりそうな気がしてちょっと怖い。

もちろん健全な世界のためにはなんとしてでも1に誘導するべきだろう。なぜなら、それが国際社会にとっても、そして両国の国民にとってももっとも幸せな結果だからだ。タダだと勘違いして浴びるように酒を飲む人にちゃんと注意するのも、良き隣人の役目である。

実際、中国の悲惨な環境汚染の実態が徐々に明らかになってきたことで、世界の目も厳しくなってきたように思う。一国の内政問題だと考えている人は少なく、国際的にも解決を求めるテーマだと捉えられるようになってきた。したがって、続くインドや、これから大きな経済成長が見込まれる国々に対しては、より現実に沿った対応がされていくはずだ。具体的には、一定の環境基準を満たさない国の生産品は市場に入れないといった政策が先進国主導で決まり、デファクトスタンダードになっていく可能性は充分にある。

これには先例があって、欧州連合（ＥＵ）は２００６年以降、整備不良など安全管理体制に問題があるとされた航空会社の域内乗り入れを禁止してきた。直接の目的は事故の防止だが、ヨーロッパ路線に就航できなければ多くのビジネスを失うことから途上国の航空会社では古い機体から新しい機体へのリプレイスが進み、結果として航空機市場に大きな影響を及ぼすことになった（新型機ほど環境性能が高いので、その効果も小さくはない）。

欧米社会で高まってきているフェアトレード（公正取引）への意識も方向は同じだ。「発展途上国の製品を適正な価格で継続的に購入することにより、立場の弱いそれらの国の生産者や労働者の生活改善と自立を目指す運動」として始まったフェアトレードだが、最近では途上国における環境破壊の防止も目的のひとつに加わり、正しい環境コストがかけられているかどうかが商品選択の基準になりつつある。

つまり、国際社会はすべての国や地域に先進国並みのビジネスルールを求めるようになってきており、そこには当然、環境対策も含まれる。それに従わなければ孤立の道を歩むしかないのだが、冷戦時代ならともかく、現状ではその選択はありえないだろう。なぜならそれは、グローバル化が進む世界において経済的な死を覚悟するのと同じだからだ。国内市場が拡大してきたとはいえ、中国経済もインド経済も輸出なしには成り立たない。

したがって、今後も世界市場の中で商品を売っていくには標準化された環境保全システムに乗っかるしかないのだが、そのときになって初めて、新興国の指導者は自分たちに何の技術もノウハウもないことに気づくのである。必要なコストを払ってこなかったツケはこういうかたちで現れる。

一方、先進国側は一定の環境レベルを保ちながら社会や経済を動かしていける仕組みをすでに整えているので、今後はむしろ低コスト体質になるうえ、経験値を活かして新興国における環境ビジネスを有利に進められる。つまり、立場は完全に逆転したわけで、ここ半世紀ほどのあいだ必死に進めてきた先行投資の成果がようやく発揮されるときが来たのだから、これは素直に喜んでいいだろう。

まちがえないでほしいのだが、これはけっして「列強による世界支配の再来」ではない。環境政策の押しつけではなくビジネスにおける正当な商取引なのだから、堂々と進めていいと思う。

先進国による環境ビジネスの拡大は地球環境の悪化を食い止めるのに有効であると同時に、「まじめにやってきたことが正しく評価される社会の実現」に繋がっていく。だからこそ日本はもっと自信をもってこの分野に取り組むべきだし、世界もそれを望んでいると信じている。

参考資料

序章

『PM2.5に関して頻繁に寄せられる質問』／日本エアロゾル学会／https://www.jaast.jp/PM2_5_faq/
『中国の悲しい流行語「PM2.5」』／日経ビジネスオンライン／2012.3.7
http://business.nikkeibp.co.jp/welcome/welcome.html?http%3A%2F%2Fbusiness.nikkeibp.co.jp%2Farticle%2Freport%2F20120306%2F229497%2F
『神奈川県環境科学センター研究報告第36号』／2013／http://www.k-erc.pref.kanagawa.jp/center/kankoubutu/bulletin-n/h25bull/h25bull03.pdf
『自治体における注意喚起の実施状況』／環境省／http://www.env.go.jp/air/osen/pm/conf/conf140717/mat04.pdf
『黄砂の記録・被害』／環境省／https://www.env.go.jp/air/dss/report/02/02_5.pdf
『「PM2.5」の濃度の上昇にご注意を！　健康に及ぼす影響と日常生活における注意点』／政府広報オンライン／http://www.gov-online.go.jp/useful/article/201303/5.html
『浮流粒子状物質による健康影響の定量評価の現状と課題』／岸本充生／独立行政法人産業技術総合研究所／https://unit.aist.go.jp/riss/crm/030124kishimoto.pdf
『PM2.5、黄砂はなぜ体に悪いのか』／岸川禮子／NHKそなえる防災／http://www.nhk.or.jp/sonae/column/20130923.html

『微小粒子の健康影響』／「環境儀No.22」／国立環境研究所／2006.10／http://www.nies.go.jp/kanko/kankyogi/22/22.pdf

第1章

『米大使館の大気汚染数値の公表、中国当局「内政干渉」と批判』／大紀元／2012.6.8／http://www.epochtimes.jp/jp/2012/06/html/d36695.html

『中国の大気汚染について～微小粒子状物資"PM2.5"による汚染の現状と対策～』／井上直己／在中国日本国大使館／2014.1.16／http://www.cn.emb-japan.go.jp/consular_j/140117air_pollution-2.pdf

『中国PM2.5の現状と対応』／藤田宏志／環境省水・大気環境局大気環境課／http://www.env.go.jp/air/osen/pm/info/cic/attach/briefing_h25-mat01.pdf

『北京市の大気汚染は2014年にやや改善、PM2.5は４％低下』／ロイター／2015.1.5／http://jp.reuters.com/article/topNews/idJPKBN0KE0BL20150105

『北京のPM2.5大気汚染 深刻な状況続く』／NHKニュースウェブ／2015.1.4／http://www3.nhk.or.jp/news/html/20150104/k10014430571000.html

『北京市のスモッグ対策、PM2.5の４％減実現』／チャイナネット／2015.1.5／http://japanese.china.org.cn/business/txt/2015-01/05/content_34481611.htm

『北京市のスモッグ対策、PM2.5の４％減実現』／人民日報・日中新聞／2015.1.6／http://www.infochina.jp/jp/index.php?m=content&c=index&a=show&catid=6&id=6679

『中国ハルビンの大気汚染、計測器振り切れ最悪の「爆表」に』／産経ニュース／2013.10.21／http://

sankei.jp.msn.com/world/news/131021/chn13102113490002-n1.htm

『【中国ブログ】大気汚染のハルビンに生きる、肺には「豚の血」を』／サーチナ／2013.10.23／http://news.searchina.ne.jp/disp.cgi?d=1023&f=national_1023_010.shtml&y=2013

『中国の輸送機関別貨物輸送量の推移（輸送トン数）』／公益社団法人日本港湾協会資料／http://www.phaj.or.jp/distribution/data/china.pdf

『中国・北京市　PM2.5の発生源を発表、自動車排ガスが３割』／新華ニュース／2014.10.31／http://www.xinhuaxia.jp/social/51086

『世界各国の四輪車保有台数（2012年末現在）』／一般社団法人自動車工業会／http://www.jama.or.jp/world/world/world_2t1.html

『中国の自動車用燃料品質規格の現状』／JPECレポート／2013.9.26／石油エネルギー技術センター／http://www.pecj.or.jp/japanese/minireport/pdf/H25_2013/2013-015.pdf

『大慶油田』／石油/天然ガス用語辞典／http://www.weblio.jp/content/%E5%A4%A7%E6%85%B6%E6%B2%B9%E7%94%B0

『中国の石油精製技術の現状 - 石油エネルギー技術センター』／JPEC海外石油情報／2010.8.9／http://www.pecj.or.jp/japanese/minireport/pdf/H21_2010/2010-012.pdf

『中国と湾岸原油　輸入の増加とその限界』／福田安志／Asahi中東マガジン／http://middleeast.asahi.com/column/2014041400001.html

『原油価格はもう上がらない、20ドル台まで下落も＝中原元日銀委員』／ロイター／2015.1.6／http://jp.reuters.com/article/topNews/idJPKBN0KF0RG20150106

『世界経済の命運握る原油価格はどこまで下がるか?』／財部誠一の「ビジネス立体思考」／nikkei
BPnet／2015.1.7／http://www.nikkeibp.co.jp/article/column/20150106/430780/?rt=nocnt

第2章

『APEC直前 突如現れた「北京の青空」』／日本経済新聞電子版／2014.11.6／http://www.nikkei.com/
article/DGXMZO79312040V01C14A1I00000/
『青空"造った"中国腕力 工場止め車規制し「APECブルー」…企業利益240億円吹っとぶ、今は再
び「北京グレー」』／産経ニュース／2014.12.1／http://www.sankei.com/premium/news/141201/
prm1412010003-n1.html
『北京 自動車ナンバー別走行規制、もう1年継続へ 曜日別の制限対象末尾番号は変更の可能性大』
／人民網日本語版／2014.3.20／http://j.people.com.cn/94475/8573162.html
『北京で自動車のナンバープレート末尾奇数・偶数による走行規制を実施』／人民網日本語版／
2014.11.3／http://j.people.com.cn/n/2014/1103/c94659-8803862.html
『中国4都市の自動車購入制限策を比較』／朝日新聞デジタル版／2012.7.4／http://www.asahi.com/
business/news/xinhuajapan/AUT201207040144.html
『ナンバープレート抽選新制度、39万人の当選率アップ＝北京』／人民網日本語版／2014.2.27／
http://j.people.com.cn/94475/8549207.html
『北京の空を「APECブルー」にするために禁止された7つのこと』／ハフィントンポスト／
2014.11.13／http://www.huffingtonpost.jp/2014/11/12/7-things-you-cant-do-in-beijing-apec_

n_6149672.html
『北京の空気、危険レベル「APECブルー」続かず』／産経ニュース／2014.11.19／http://www.sankei.com/world/news/141119/wor1411190040-n1.html
『Why China might be ready to clear the air』／the Chicago Tribune／2014.11.14／http://www.chicagotribune.com/news/opinion/editorials/ct-climate-china-u-s--edit-1115-20141114-story.html
『中国発：最近の大気汚染対策の取り組み』／EICネット（一般財団法人環境イノベーション情報機構）／2013.12.13／http://www.eic.or.jp/library/pickup/pu131213.html
『公表された大気十条－中国の「大気汚染防止行動計画」の本文及び概要－』／東京財団／http://www.tkfd.or.jp/research/project/news.php?id=1189
『数表でみる東京電力』／東京電力ウェブサイト／http://www.tepco.co.jp/corporateinfo/illustrated/index-j.html
『中国:22年冬季五輪招致　北京、大気汚染対策に15兆円』／毎日新聞（電子版）／2015.1.14／http://mainichi.jp/feature/news/20150115k0000m050020000c.html
『中国、重度の大気汚染対策で法律改正へ』／中国国際放送局／2014.12.22／http://japanese.cri.cn/881/2014/12/22/142s230501.htm
『PM2.5対策、中国「挙国態勢」 法改正案が審議入り』／朝日新聞（電子版）／2014.12.23／http://www.asahi.com/articles/ASGDQ5W3WGDQUHBI026.html
『焦点：中国地方政府の破綻という悪夢、代表格は江蘇省か』／ロイター／2013.7.25／http://jp.reuters.com/article/mostViewedNews/idJPTYE96O04720130725

『中国9省でデフォルト　300兆円超の債務爆弾　借り手と貸し手の連鎖破綻危機』／zakzak／2014.6.26／http://www.zakzak.co.jp/society/foreign/news/20140626/frn1406261531010-n1.htm
『中国の大気汚染対策、「石油閥」抵抗』／日本経済新聞（電子版）／http://www.nikkei.com/article/DGXNASGM24047_U3A920C1FF2000/
『中国政府　抗議デモの激化恐れ大気汚染対策費3倍増の27兆円』／NEWSポストセブン／2013.8.11／http://www.news-postseven.com/archives/20130811_203780.html
『中国社科院、「本当のGDP成長率は5%前後」環境汚染が原因か』／大紀元日本／2012.12.20／http://www.epochtimes.jp/jp/2012/12/html/d34386.html

第3章

『FEIDAと合弁で環境装置専業の新会社を設立　PM2.5などの煤塵除去に向け、中国市場で本格的な環境ビジネスを展開』／三菱日立パワーシステムズ／2014.7.1／http://www.mhps.com/news/20140701.html
『火力発電所（石炭、石油、ガス）の概要』／九州電力ウェブサイト／http://www.kyuden.co.jp/effort_thirmal_new_index.html
『環境行動レポート2009　用語の解説』／沖縄電力／http://www.okiden.co.jp/environment/report2009/07/yougo/
『排煙脱硝装置』／エネルギア総研レビュー／エネルギア総合研究所／http://www.energia.co.jp/eneso/tech/review/no33/pdf/33_p23.pdf

『三菱総合排煙処理システム』／三菱重工業ウェブサイト／https://www.mhi.co.jp/products/category/flue_gas_desulfurization.html

『中国における日揮グループの脱硝ビジネス』／日揮技術ジャーナルVol.3 No.6／2014／http://www.jgc.com/en/02_business/99_sbr/01_tech_innovation/technical_journal/pdf/3/jgc-tj_03-06%282014%29.pd

『中国石炭火力発電所大気汚染物質抑制』／中国電力企業聯合会研究室／2014.12.28／http://www.jc-web.or.jp/JCobj/Cnt/%E7%99%BA%E8%A8%80%E2%91%A3_%E4%B8%AD%E5%9B%BD%E9%9B%BB%E5%8A%9B%E4%BC%81%E6%A5%AD%E8%81%AF%E5%90%88%E4%BC%9A%E7%A0%94%E7%A9%B6%E5%AE%A4%20%E9%9B%BB%E5%8A%9B%E7%92%B0%E4%BF%9D%E3%83%BB%E6%B0%97%E5%80%99%E5%A4%89%E5%8B%95%E5%AF%BE%E5%BF%9C%E3%82%BB%E3%83%B3%E3%82%BF%E3%83%BC.pdf

『電気集塵の歴史』／日立プラントコンストラクション・ウェブサイト／http://www.hitachi-plant-construction.co.jp/business/energy/dustcollection/principle/history.html

『電気集塵の原理』／日立プラントコンストラクション・ウェブサイト／http://www.hitachi-plant-construction.co.jp/business/energy/dustcollection/principle/dustcollection.html

『東京電力環境指標実績報告（2013年度）』／東京電力／2014.9.1／http://www.tepco.co.jp/corporateinfo/company/annai/shiryou/images/kankyo.pdf

『石炭をめぐる現状と課題』／資源エネルギー庁／2014.5.9／http://www.meti.go.jp/committee/

sougouenergy/shigen_nenryo/kougyo/pdf/001_03_00.pdf
『9月：中国市場日本車シェア14.9%（2014）』／China Press／2014.10.15／http://www.chinapress.jp/consumption/43710/
『中国における日本車販売の動向』／みずほ総合研究所／2014.9.2／http://www.mizuho-ri.co.jp/publication/research/pdf/insight/as140902.pdf
『トヨタ、中国HV生産へ開発加速－現地流の運転対応にも腐心』／ブルームバーグ／2014.4.23／http://www.bloomberg.co.jp/news/123-N447H56K50XT01.html
『東風日産の中国自主ブランド、ヴェヌーシア…初のEV「e30」を発売』／レスポンス／2014.9.11／http://response.jp/article/2014/09/11/232169.html
『空気清浄機、中国に商機　パナソニック・シャープ、PM2.5深刻』／日本経済新聞電子版／2014.1.18／http://www.nikkei.com/article/DGXNZO65488560Y4A110C1TJ2000/
『中国でシャープの空気清浄機が激売れ！　PM2・5特需』／zakzak／2013.02.13／http://www.zakzak.co.jp/economy/ecn-news/news/20130213/ecn1302131711010-n1.htm
『東レは空気清浄機事業を中国で積極展開し、フィルター工場の生産能力を倍増にする予定』／サーチナ／2014.11.8／http://biz.searchina.net/id/1548792?page=1
『【パナソニック】日本回帰、生産を国内工場に　中国のコスト高を米コンサルも分析』／サーチナ／2015.1.5／http://www.huffingtonpost.jp/2015/01/05/panasonic-produce-in-japan_n_6415304.html
『大気汚染、中国農業に暗雲　日照減り生産量ダウン』／日本経済新聞電子版／2014.3.12／http://www.nikkei.com/article/DGXNASGM1202S_S4A310C1FF2000/

『中国、農地の5分の1近くが汚染』／ウォール・ストリート・ジャーナル日本版／2014.4.18／http://jp.wsj.com/articles/SB10001424052702304126604579508861609302756

『汚染で農地の2.5%が耕作不適―中国・国土資源省』／ウォール・ストリート・ジャーナル日本版／2014.1.1／http://jp.wsj.com/articles/SB10001424052702304824704579293682947440874

『中国の水道水　50%が「汚水」　給水施設の設備遅れが原因とも』／大紀元／2011.12.5／http://www.epochtimes.jp/jp/2012/05/html/d91992.html

第4章

『中国を上回る「大気汚染都市」の数々・・・PM2.5の値を「大きい順」に並べたら＝中国メディア』／サーチナ／2014.11.1／http://m.news.searchina.net/id/1547910

『大気汚染ワースト20はデタラメ？　WHO「ランキングを発表したことはない」―中国紙』／レコードチャイナ／2014.10.31／http://www.recordchina.co.jp/a96616.html

『インド・デリーの大気汚染「世界最悪」　PM2.5の濃度高水準』／産経ビズ／2014.5.20／http://www.sankeibiz.jp/macro/news/140520/mcb1405200500012-n1.htm

『インド研究所の報告：中国の大気汚染はインドよりも深刻』／新華ニュース／2014.12.17／http://www.xinhuaxia.jp/social/55748

『大気汚染、インドと中国どちらが深刻？　＝「いずれにせよ対策は北京に劣る」―インドメディア』／レコードチャイナ／2014.1.31／http://www.recordchina.co.jp/a82642.html

『Delhi's Dangerous Air Pollution Problem』／THE WALL STREET JOURNAL／2013.11.2／

http://blogs.wsj.com/indiarealtime/2013/11/02/delhis-dangerous-air-pollution-problem/
『2014 EPI - Environmental Performance』／Yale University／http://epi.yale.edu/epi/country-rankings
『発掘アジアドキュメンタリー　わたしの村は燃えている～インド～』／BS世界のドキュメンタリー（NHK）／2015.1.19／http://www.nhk.or.jp/asianpitch/lineup/index1401.html
『火力発電プラントの環境対策コスト分析』／財団法人電力中央研究所／1993.8／http://criepi.denken.or.jp/jp/kenkikaku/report/download/bf6GYPKkGpx6RUwqG4NkUBpA77MoDZIJ/report.pdf
『IHS Automotiveの自動車市場予測』／日経テクノロジー・オンライン／2014.1.14／http://techon.nikkeibp.co.jp/article/MAG/20131209/321302/
『自動車産業戦略2014』／経済産業省／2014.11／http://www.meti.go.jp/press/2014/11/20141117003/20141117003-A.pdf

『エネルギー白書』／経済産業省資源エネルギー庁／http://www.enecho.meti.go.jp/about/whitepaper/
『国土交通白書』／国土交通省／http://www.mlit.go.jp/statistics/file000004.html

（プロフィール）
石川憲二（いしかわ けんじ）

ジャーナリスト、作家、編集者

1958 年東京生まれ。東京理科大学理学部卒業。週刊誌記者を経てフリーランスのライターおよび編集者に。書籍や雑誌記事の制作および小説の執筆を行っているほか、30 年以上にわたって企業や研究機関を取材し、科学・技術やビジネスに関する原稿を書き続けている。主な著書に『宇宙エレベーター』『電気とエネルギーの未来は？　新技術の動向と全体最適化への挑戦』『「未来マシン」はどこまで実現したか？』（オーム社）、『化石燃料革命』『ミドリムシ大活躍！』『トライボロジーがもたらす驚きの世界』（日刊工業新聞社）、『砂漠の国に砂を売れ　ありふれたものが商品になる大量資源ビジネス』（角川書店）などがある。

PM2.5 危機の本質と対応
―日本の環境技術が世界を救う―

NDC519.3

2015年 3 月10日　初版 1 刷発行　　定価はカバーに表示されております。

©著　者　石　川　憲　二
発行者　井　水　治　博
発行所　日刊工業新聞社

〒103-8548　東京都中央区日本橋小網町14-1
電話　書籍編集部　03-5644-7490
販売・管理部　03-5644-7410
FAX　03-5644-7400
振替口座　00190-2-186076
URL　http://pub.nikkan.co.jp/
email　info@media.nikkan.co.jp

企画・編集　新日本編集企画
印刷・製本　新日本印刷

落丁・乱丁本はお取り替えいたします。　2015　Printed in Japan
ISBN 978-4-526-07400-4

本書の無断複写は、著作権法上の例外を除き、禁じられています。

●日刊工業新聞社の好評ビジネス書●

ミドリムシ大活躍！

小さな生物が創る大きなビジネス

石川憲二 著
定価（本体1,500円＋税）
ISBN978-4-526-07149-2

生物でありながら葉緑体を持ち光合成を行う一方、繊毛運動で移動することから植物と動物の両方の性質を兼ね備えた不思議な生き物であるミドリムシが今、「夢の素材」として大きな注目を集めている。ラーメンやハンバーガー、シェイクなどがすでに商品化され、医薬品や燃料、プラスチックの原料としての実用化も始まった。そんなミドリムシの優れた特性や応用例、将来展望などをわかりやすい文章と知られざる実例で紹介する。

化石燃料革命

「枯渇」なき時代の新戦略

石川憲二 著
定価（本体1,400円＋税）
ISBN978-4-526-06977-2

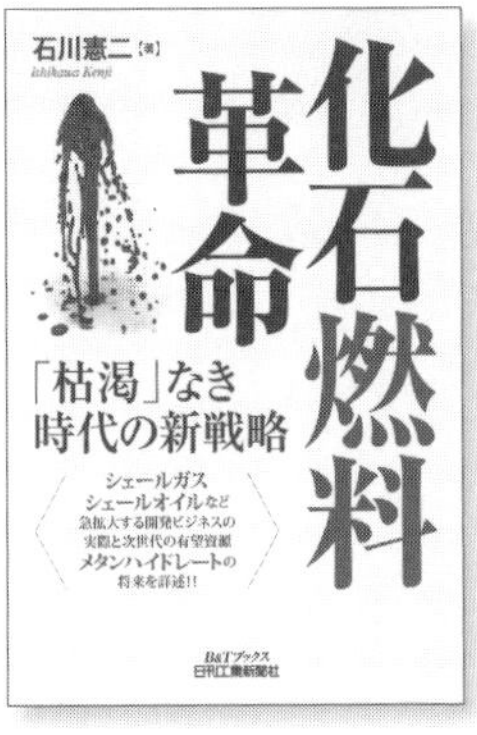

近年注目されるシェールガスは400年分の埋蔵量が推定されるなど、他の化石燃料も加えて今後数百年にわたり資源が枯渇することはないという。その一方で、化石燃料の大量消費は二酸化炭素排出量の増加につながるだけでなく、新たな環境破壊も懸念されるなど、利用に際してさまざまな議論がある。本書はまだあまり知られていない新種の化石燃料を紹介するとともに、それによって変わる社会状況や日本の今後の選択肢を示唆する。

日刊工業新聞社の好評図書

トライボロジーがもたらす驚きの世界

石川憲二 著

定価（本体1,500円＋税）

ISBN：978-4-526-07242-0　C3034

〔各章立てと主要項目〕

序章　ビジネスを変える魔法の言葉
- トライボロジーとは「動き」を最適化する知恵

第1章　トライボロジーがすべてを解決してくれる
- 経済学から見るトライボロジーの重要性
- トライボロジーの効果はあらゆる産業に波及
- 時代はトライボロジストを求めている

第2章　トライボロジーが日本経済を強くした
- 家電品は多様なトライボロジー技術で成り立っている
- 紙を上手に扱うペーパートライボロジー
- ハードディスクはトライボロジーで大容量化へ
- 世界一の火力発電をもっと高性能にする技術
- 小さな泡で船を包み5%以上の省エネ化を実現
- 飛行機の設計は空気摩擦との戦い
- 東京スカイツリーも滑りと滑りにくさを考えている

第3章　科学から新産業分野にまで広がるトライボロジー
- 100万分の1ミリ世界のトライボロジー
- 人工関節も人工心臓も「滑り」が大切だ
- トライボロジーが生み出した新しい化学

第4章　トライボロジストが夢みる未来の世界
- 摩擦がまったくなくなる超潤滑の世界へ
- 宇宙エレベーターがなければ月面基地もつくれない
- ロボットを人間に近づけるトライボロジー

「なぜアリはツルツルの窓ガラスを滑らずに上れるか？」「なぜスキーやスケートは滑り、車はブレーキをかけると止まれるか？」というように、潤滑と摩擦に関する分野は不思議な事象に満ちている。トライボロジー（tribology）とは、接触する2つの物体が別々の動きをしたときに表れる現象を総合的にとらえ、その現象の最適化を図ろうとする科学技術の領域のことである。トライボロジーの考え方は古くからあるが、近年その重要性が盛んに言われ、製造業ではキーテクノロジーの1つに掲げられている。その大きな理由として、工業製品の省エネ化や長寿命化への要求が強まる中で、摩擦・摩耗・潤滑を総合的に考えようとの発想が生まれてきたためだ。また科学分野だけでなく、人間社会など幅広い領域でもトライボロジーの応用が注目されてきている。本書ではこのようなトライボロジーの考え方を積極的に取り入れて新たな製品を誕生させたり、市場を拓いたりした例を挙げるとともに、トライボロジーがもたらすビジネスインパクトや最新の機能を紹介する。

●日刊工業新聞社の好評図書●

つくりたいんは世界一のエンジンじゃろぅが！

羽山信宏 著
定価（本体1,400円＋税）　ISBN978-4-526-07302-1

最近のマツダ車が世間の支持を集める原動力ともなったSKYACTIVテクノロジーの実現に関わってきた著者が、従来ではたどり着けなかったエンジン開発を可能にするモデルベース手法を解説。さらに、開発テーマを絞り込む「機能エンジニアリング」の進め方を紹介した。機能の連鎖を解き明かす新時代の開発のあり方について、読みやすく説き明かす。

コストに「時間」のモノサシなし！だから製造業は儲からない

資源効率を最大化する「面積原価管理」

小山太一 著
定価（本体2,000円＋税）　ISBN978-4-526-07249-9

製造業は仕事の効率を真に評価する指標を持っていない。そうした中で製品生産に投入される全資源量と、それにかけた時間で利益性を評価する「面積原価」の考え方と運用法を提唱する。個別製品の正しい利益評価法とともに、サプライチェーンを統制する仕組みの評価や適正在庫量の把握、改善効果の評価法などを説き、新しい観点からSCM論を展開する。

受注生産に徹すれば利益はついてくる！

取引先に信頼で応える〝おもてなし〟経営

本間峰一 著
定価（本体1,800円＋税）　ISBN978-4-526-07228-4

納入先や調達内容により業績が一変する受注生産企業は経営の舵取りが難しいとされるが、むしろその強みを活かす経営を追求する方が生き残れる可能性は高い。そこで受注生産企業が儲かるための対応力強化に向け、「取引先販売動向を注視」「密な情報共有」「改善の励行」「取引先資源の徹底活用」を説く。取引先に信頼で応える「おもてなし経営」の極意を示す。